Annette Altmann

Produktion von Beet- und Balkonpflanzen

Annette Altmann

Produktion von Beet- und Balkonpflanzen

Wachstumsfaktoren, Kulturverfahren, Sorten

43 Farbfotos auf Tafeln
23 Schwarzweißabbildungen
35 Tabellen

Ulmer

Annette Altmann, geb. 1948, Dipl.-Ing. für Gartenbau, tätig als stellvertretende Leiterin der Lehr- und Versuchsanstalt Gartenbau Erfurt, Fachbereichsleiterin Zierpflanzenbau. Tätigkeits- und Forschungsschwerpunkte sind im Bereich der Beet- und Balkonpflanzen die Erarbeitung von energiesparenden Produktionsverfahren, die Prüfung der Sorteneignung für ausgewählte Kulturverfahren sowie deren Eignungsprüfung für die Verwendung.

Umschlagfoto: *Petunia* Cultivars in voller Pracht – 'Pegasus® White', 'Pegasus® Scarlet', 'Surfinia™ Patio Blue'.

Bibliografische Information der Deutschen Nationalbibliothek
Die Deutsche Nationalbibliothek verzeichnet diese Publikation in der Deutschen Nationalbibliografie; detaillierte bibliografische Daten sind im Internet über http://dnb.d-nb.de abrufbar.

Wollgrasweg 41, 70599 Stuttgart (Hohenheim)
E-Mail: info@ulmer.de
Internet: www.ulmer.de
Umschlaggestaltung: Atelier Reichert, Stuttgart
Lektorat: Dr. Angelika Eckhard, Birgit Schüller
Herstellung: Rebecca Barth
Satz + Reproduktion: Typomedia GmbH, Ostfildern
Druck und Bindung: Friedrich Pustet, Regensburg
Printed in Germany

ISBN 978-3-8001-4887-5

Inhaltsverzeichnis

Vorwort

Das Buch wendet sich vor allem an Fachkräfte aus dem Beet- und Balkonpflanzen produzierenden Bereich sowie an Berater. Die umfangreichen Sortenhinweise sind auch für den Endverkaufsbetrieb sehr hilfreich.

Produktion und Dienstleistung unterliegen im Gartenbau einem ständigen Wandel. Das Sortenkarussell dreht sich sehr schnell und neue Sorten benötigen zum Teil andere Kulturbedingungen. Darauf wird in vielfältiger Weise eingegangen. Außerdem werden die für Beet- und Balkonpflanzen möglichen Kulturverfahren ausführlich erläutert.

Sowohl junge Fachkräfte als auch erfahrene Produzenten finden Hinweise und Anregungen für Neues bei der Produktion von Beet- und Balkonpflanzen. Der Einfluss der einzelnen Wachstumsfaktoren auf Qualität und Kulturdauer wird zusammenhängend dargelegt. Neben den produktionsrelevanten Fragestellungen wird ein kurzer Einblick in die Probleme des Marketings bei Beet- und Balkonpflanzen gegeben.

Das umfangreiche Sortiment in diesem Produktionsbereich kann im Rahmen eines Buches allerdings nicht ausführlich behandelt werden. Versuchsergebnisse zu weiteren Arten und Sorten liegen in der Lehr- und Versuchsanstalt für Gartenbau Erfurt vor und sind per E-Mail zu erfragen. Die Versuchseinrichtung beschäftigt sich seit ihrer Gründung im Jahr 1991 sehr intensiv mit der Produktion und Sortenprüfung von Beet- und Balkonpflanzen. Der Arbeitskreis Beet- und Balkonpflanzen, dem zehn Versuchseinrichtungen aus ganz Deutschland angehören und der sich seit dem Jahr 2000 mit Sortenprüfungen und seit 2003 auch mit Produktionsfragen befasst, hat mit seinen Ergebnissen ebenso einen wichtigen Beitrag zu diesem Buch geleistet.

Mein Dank gilt allen, die mit ihrer Arbeit dieses Buch möglich gemacht habe. Insbesondere danke ich meiner Meisterin im Fachbereich Zierpflanzenbau, Frau Christine Lösekrug, für die Unterstützung bei allen Vorhaben sowie Frau Dr. Elke Ueber, Versuchsleiterin an der Lehr- und Versuchsanstalt Bad Zwischenahn, für die kritische Durchsicht des Manuskriptes.

Annette Altmann
Erfurt, im Januar 2008

1 Bedeutung und Absatzentwicklung für die Sommerbepflanzung

Beet- und Balkonpflanzen erfreuen sich seit Jahrzehnten wachsender Beliebtheit. Auch wenn nicht alle Jahre die Umsatzzahlen kontinuierlich steigen, kann festgestellt werden, dass Beet- und Balkonpflanzen einen sicheren Markt haben. Da etwa 25 % aller verkauften Pflanzen in Deutschland in die Rubrik Beet- und Balkonpflanzen eingruppiert werden können, wird deutlich, wie begehrt diese Pflanzengruppe nach wie vor ist. Der Trend zum Eigenheim, dem Garten am Haus und der schön gestalteten Terrasse eröffnet immer wieder veränderte Absatzmöglichkeiten. Trotz stagnierender Wirtschaftsentwicklung werden jährlich Balkone mit Pflanzen verschönert, um sich an der farbenfrohen Natur zu erfreuen. Alle Altersgruppen haben zunehmend Freude am Gestalten ihres unmittelbaren Lebensraumes. Dabei spielen aktuelle Trends in Farbe, Form und Verwendung eine wichtige Rolle. War es vor Jahren noch der traditionelle Balkonkasten, der alljährlich neu bepflanzt wurde, sind heute viele andere Gefäßformen gefragt. Die große Nachfrage bedeutet jedoch nicht, dass der Verkauf von Beet- und Balkonpflanzen quasi zum Selbstläufer wird. Untersuchungen zeigen, dass ohne entsprechende Marketingmaßnahmen der Absatz stagniert oder rückläufig ist. So sind Farbtrends und neue Angebotsformen ebenso wichtig wie das Angebot neuer Arten und Sorten. Viele Kunden lieben die Abwechslung und probieren gern neue Sorten, auch um sich vom Nachbarn abzusetzen. Kundenspezifische Angebote und zeitgemäße Verkaufsstrategien sind deshalb wichtige Voraussetzungen für einen zufriedenstellenden Absatz. Nur mit qualitativ guter Ware und gezielten Marketingstrategien sind positive Verkaufszahlen und gute Preise zu realisieren. Dabei sollten traditionelle Arten und Sorten, wie *Pelargonium* oder *Begonia*, die gleiche Beachtung finden, wie neue „Sterne" am Markt, z. B. *Sanvitalia* oder *Osteospermum*. Der Pflanzenliebhaber erhält in unserer vielfältigen Medienwelt und durch die immer größer werdende Mobilität eine Vielzahl von Anregungen für die Gestaltung des eigenen Lebensraums. Diese Chance muss genutzt werden, um weitere Absatzsteigerungen zu ermöglichen. Ob Internet, Fernsehen oder diverse Zeitschriften – Anregungen erhält der Verbraucher auf Schritt und Tritt. Gartenschauen, Blumenschmuckwettbewerbe, Gartenmärkte und vieles mehr bringen die Anregungen auch ganz hautnah an den potentiellen Kunden und wecken Bedürfnisse. Diese aufzugreifen und in Verkaufszahlen umzusetzen, Absatznischen zu suchen oder Marktlücken zu schließen, bleibt eine wichtige Aufgabe.

Auch die Verwendung von Beetpflanzen im öffentlichen Grün oder auf den Friedhöfen schafft Absatzmärkte. Während die jährliche Bepflanzung in vielen Städten aufgrund der finanziellen Situation vieler Kommunen eher rückläufig ist, bleibt der Friedhof, trotz vieler Probleme, ein interessantes Absatzsegment.

Etwa 20 % aller verkauften Beet- und Balkonpflanzen wurden in den vergangenen Jahren als Grabschmuck verwendet. Nur sehr zögerlich wird dabei das traditionelle Friedhofssortiment, wie *Viola* und die *Begonia* Semperflorens-Cultorum-Gruppe, erweitert. Seit Jahren zeigen alle Landes- und Bundesgartenschauen, dass die Pflanzenauswahl deutlich größer ist. Zwar lassen sich nicht alle Kreationen in der täglichen Praxis umsetzen, die eine oder andere Pflanzenart mehr sollte aber auf dem Friedhof Einzug halten können.

Absatzentwicklung

Im klassischen Beet- und Balkonpflanzensortiment für die Pflanzung ab Mai bleibt die Pelargonie der eindeutige Favorit. Dabei sind es vor allem *Pelargonium zonale*, die in gleichbleibend hoher Stückzahl produziert werden. Vielfältige Neuheiten bereichern jährlich das Angebot. Ob neue Farben, Blütenformen oder Wuchstypen – die Pelargonien finden ihre Abnehmer. So pflegeleicht und unkompliziert bei jeder Witterungslage und jedem Standort ist auch kaum eine andere Pflanzengattung.

Pelargonium peltatum hat momentan nicht so einen gesicherten Absatz, gehört aber ebenso zu den wichtigsten fünf Balkonpflanzenarten. Während in den Niederlanden die *Osteospermum* deutlich vor Fuchsien und Petunien rangieren, spielt in Deutschland die *Begonia* Semperflorens-Cultorum-Gruppe eine bedeutendere Rolle, auch wenn die Verkaufszahlen derzeit etwas rückläufig sind. Sowohl im öffentlichen Grün als auch auf dem Friedhof bestimmen sie das Bild. Mit deutlichem Abstand in Bezug auf die Produktionszahlen folgt die *Impatiens* Cultivars-Neuguinea-Gruppe. Viele Neuzüchtungen sind in den vergangenen zehn Jahren auf dem Markt eingeführt worden. Von Mini bis Maxi in Wuchs und Blütengröße ist alles verfügbar. Ebenso umfangreich ist das Farbsortiment. Der hohe Wasserbedarf und die Empfindlichkeit gegenüber Nässe und Kälte sind sicher ein begrenzender Faktor für eine weitere Ausdehnung der Verkaufszahlen.

Die oben genannten Arten sind seit Jahren die begehrtesten Beet- und Balkonpflanzen, bei den nachfolgenden Arten zwischen Platz 7 und 15 schwanken die Produktionszahlen von Jahr zu Jahr zum Teil erheblich. Mit jeweils einem Anteil von 1,5 bis knapp 3 % am Gesamtsortiment leisten die einzelnen Arten jedoch einen bedeutenden Beitrag zur Vielfalt dieser Produktgruppe. Ob *Fuchsia* Cultivars, *Impatiens walleriana*, *Argyranthemum frutescens*, *Petunia* Cultivars, *Lobelia erinus*, *Tagetes* – alle sehr unterschiedlich in Habitus, Verwendung und Produktion – unterliegen sie doch den bereits genannten schwankenden Absatzzahlen. Während etablierte Arten, wie Knollenbegonien, in der Gunst der Käufer zurückgehen, erfreuen sich *Sanvitalia speciosa*, *Scaevola saligna*, *Diascia* Cultivars, *Nemesia caerulea* oder diverse Strukturpflanzen immer größerer Beliebtheit (siehe Tab. 1). Dazu tragen sicherlich auch die vielen verbesserten neuen Sorten bei, die in den vergangenen Jahren auf dem Markt eingeführt worden sind. Für den Verkauf in den Sommermonaten werden Stauden im Container (1,5 bis 3 l) an Bedeutung zunehmen. Die Verkaufszahlen der letzten Jahre machen diesen Trend deutlich.

Neben den Strukturpflanzen haben die Jungpflanzenfirmen zur Gestaltung gemischter Bepflanzungen die Gräser wieder ins Blickfeld gerückt. Binnen weniger Jahre haben sie einen nennenswerten Anteil am Sortiment erreicht. Um sich von Massenware abzusetzen, ist gerade für Endverkaufsbetriebe die Produktion von attraktiven Ampeln oder qualitativ guten Stämmchen eine Absatzchance. Zunehmend werden solche Sonderformen nachgefragt. Zu Produktion und Sortenwahl ist in den nachfolgenden Kapiteln nachzulesen.

Tab. 1. Gewinner und Verlierer im Sortiment – Erhöhung bzw. Verringerung der verkauften Stückzahlen (NBV/UGA 2005, Landgard 2005, 2006 und ZMP 2006)

Gewinner	Verlierer
Diascia	*Argyranthemum*
Gräser	*Begonia* Semperflorens-Cultorum-Gruppe
Nemesia	*Begonia* Tuberhybrida-Gruppe (Knollenbegonien)
Pelargonium zonale	*Fuchsia*
Sanvitalia	*Gazania*
Scaevola	*Impatiens* Cultivars-Neuguinea-Gruppe
Stauden im Topf	*Impatiens walleriana*
Strukturpflanzen	*Lobelia*
Sutera	*Osteospermum*
	Pelargonium peltatum
	Petunia
	Tagetes

2 Einfluss und Wechselwirkung der Wachstumsfaktoren auf die Qualität

Ohne Licht, Wasser, CO_2 und Wärme ist die Produktion von Beet- und Balkonpflanzen nicht möglich. Da der Kulturbeginn überwiegend in die Jahreszeit mit eher ungünstigen Klimabedingungen fällt, ist es wichtig, die Bedeutung der einzelnen Wachstumsfaktoren zu kennen. Dabei kommt dem Zusammenspiel aller Einflussgrößen eine besondere Aufmerksamkeit zu. Das Optimum der Wachstumsfaktoren für die jeweiligen Gattungen, Arten und Sorten kann sehr unterschiedlich sein. Umso wichtiger ist es, sich mit ihnen auseinanderzusetzen und Abhängigkeiten zu kennen.

2.1 Temperatur

Neben Licht ist die Temperatur ein entscheidender Faktor für die Entwicklung der Pflanzen. Die Temperatur ist steuernder und auslösender Faktor für Stoffwechsel-, Wachstums- und Entwicklungsprozesse. Die Geschwindigkeit von Stoffwechselprozessen (enzymatische) ist unmittelbar von der Temperatur abhängig. Somit hat die Temperatur einen entscheidenden Einfluss auf die Wachstumsgeschwindigkeit.

Nicht alle Pflanzen reagieren in gleicher Weise auf die Temperatur. Wir kennen je nach Pflanzengruppe Optimumkurven der Temperatur für Wachstum und Entwicklung (vegetatives Wachstum) und ein Temperaturoptimum für die Blüteninduktion und -entwicklung (generatives Wachstum). Bei einigen Pflanzengruppen ist zur Blüteninduktion zwingend eine Niedrig-Temperaturphase (Vernalisation) erforderlich. Viele Beet- und Balkonpflanzen induzieren schneller und einheitlicher, wenn nach ausreichender vegetativer Entwicklung eine Kühlphase erfolgt. Möglich ist auch, dass mit abnehmender Temperatur bei Kurztagpflanzen die kritische Tageslänge zunimmt.

Die Temperatur kann für das Pflanzenwachstum sehr leicht zum begrenzenden Faktor werden. Nur in gewissen Temperaturbereichen können die biochemischen Reaktionen ablaufen. Werden diese Grenzen unter- oder überschritten, kommt es zum Abbruch dieser Prozesse. Das kann zu irreversiblen Schäden führen, die letztendlich zum Kälte- oder Hitzetod führen. Je nach Pflanzenart sind diese Grenzen sehr unterschiedlich. Über- und Untertemperatur können sich nach Hendriks (1997) wie folgt auf den Habitus der Pflanzen auswirken.

Kennzeichen für Übertemperatur:
- Dünnes, häufig großes Laub,
- lange Internodien,
- schwache Blattzeichnung,
- weniger Seitentriebe, besonders bei Lichtmangel,
- verzögerte Induktion,
- Beschleunigung der Blütenentwicklung,
- kleine Blüten,
- schlechte Ausprägung der Blütenfarbe,
- Abstoßen von Blütenknospen,
- geringe Widerstandsfähigkeit,
- Absterben von Wurzeln durch Kohlenhydratmangel.

Kennzeichen für Untertemperatur:
- Kleine, oft dicke Blätter,
- intensive Blattzeichnung,
- Chlorosen an Blättern, an der Sprossspitze beginnend,
- Eisenmangel,
- frühzeitige Blütenanlagen,
- verzögerte Blütenentwicklung.

Neben der Temperatur im Allgemeinen sind für wichtige Prozesse spezifische Temperatureinflüsse zu berücksichtigen. So kann für bestimmte Entwicklungsprozesse die Tagtemperatur (Lichtphase) oder die Nachttemperatur (Dunkelphase) von besonderer Bedeutung sein. Andere Prozesse werden überwiegend durch die Tagesmitteltemperatur (24-Stunden-Mittelwert) beeinflusst. So sind Frischmasseproduktion, Blattbildungsrate und Blütenentwicklung von der Tagesmitteltemperatur (TMT) abhängig. Das bedeutet, diese Prozesse werden, innerhalb gewisser Grenzen, unabhängig von der jeweiligen Kombination von Tag- und Nachttemperatur bestimmt. Das Streckungswachstum und die Kohlenhydrateinlagerungen werden dagegen stark von der Tag- bzw. Nachttemperatur beeinflusst. Hohe Tagtemperaturen und niedrige Nachttemperaturen fördern in erheblichem Maße das Streckungswachstum, während niedrigere Tagtemperaturen im Vergleich zur Nachttemperatur das Streckungswachstum deutlich mindern. Trockenmassebildung und Kohlenhydrateinlagerung werden vor allem durch die Nachttemperatur bestimmt.

2.2 Licht

Das Licht ist der Energielieferant für den Aufbau organischer Stoffe (Photosynthese). Korrekter ist es, von elektromagnetischer Strahlung zu sprechen. Licht ist nur der Teil der Strahlung, der für das menschliche Auge eine Helligkeitswahrnehmung hervorruft und dadurch wahrgenommen werden kann. Die photosynthetisch aktive Strahlung (PAR) liegt zwischen 400 und 700 nm und entspricht etwa dem „sichtbaren" Licht (380 bis 780 nm). Während der Mensch bei einer Wellenlänge von etwa 500 nm (grüngelbes Farbspektum) die größte Helligkeit empfindet, benötigen die Pflanzen für die Photosynthese sowohl den blauen (440 nm) als auch den roten (680 nm) Anteil am Farbspektrum.

Der Faktor Licht ist gerade in den Wintermonaten ein begrenzender Faktor für optimales Wachstum. Durch den veränderten Sonnenstand unterliegt die Sonneneinstrahlung starken jahreszeitlichen Schwankungen. Die durch die Sonne ausgesendete Strahlung und die auf der Erde ankommende diffuse Strahlung werden zusammen Globalstrahlung genannt. Diese Globalstrahlung schwankt von ungefähr 500 W/m^2 im Januar bis zu 5000 W/m^2 im Hochsommer. Diese große Spannbreite macht deutlich, dass in der lichtarmen Jahreszeit Zusatzlicht für ein optimales Wachstum notwendig sein kann.

Strahlungsenergie ist jedoch nicht nur für die Assimilation von Bedeutung. Strahlung kann Einfluss auf Blütenbildung, -entwicklung oder den Habitus der Pflanzen haben. Die Abhängigkeit der Tageslänge auf die Induktion von Blüten wird Photoperiodismus genannt. Es wird zwischen Kurztagpflanzen (KTP) – Blüteninduktion erfolgt nur im Kurztag (KT) –, Langtagpflanzen (LTP) – Blüteninduktion erfolgt im Langtag (LT) – und tagneutralen Pflanzen unterschieden. Zwischen diesen drei Gruppen gibt es zahlreiche Übergänge. So wird zwischen qualitativen KTP (KT zur Blüte zwingend erforderlich) und quanitativen KTP (Blüte wird durch KT beschleunigt) bzw. LTP unterschieden. An anderer Stelle in diesem Buch wird auf die Lichtreaktion einzelner Beet- und Balkonpflanzen noch speziell eingegangen.

Als „kritische Tageslänge" wird die Tageslänge bezeichnet, die zwingend, z. B. bei KTP, nicht überschritten werden darf, um eine Blüteninduktion zu erzielen. Diese kritische Tageslänge ist sehr arten- und sortenspezifisch und muss, wenn nicht bekannt, getestet werden. Für die Produktion von Beet- und Balkonpflanzen ist besonders bei sehr frühen Absatzterminen auf eine ausreichende Tageslänge zu achten. Im Kapitel 3.8.1, Seite 35, wird dies noch näher beschrieben.

Die Licht-Strahlungsqualität hat auch Einfluss auf den Habitus der Pflanzen. Dieser Vorgang wird als Photomorphogenese bezeichnet. Durch Pigmente, die im roten und blauen Spektralbereich Licht absorbieren, werden morphologische Prozesse gesteuert. Durch ein Lichtangebot mit überwiegend dunkelrotem Spektrum (730 nm) kommt es zu unerwünschtem Streckungswachstum. Das kann bei Belichtung mit Glühbirnen auftreten, deren Dunkelrotanteil im ausgesendeten Lichtspektrum sehr hoch ist (siehe Farbtafel S. 57, Abb. 1). Von sehr praktischer Bedeutung ist die Erkenntnis, dass durch einen zu engen Pflanzenbestand der Dunkelrotanteil des dort zur Verfügung stehenden Lichtes deutlich erhöht ist und es zu dem bekannten, unerwünschtem Streckungswachstum kommt. Ein hoher Anteil Blau und Hellrot im Licht führt zu kompakten Pflanzen. Blaulicht fördert außerdem die Seitentriebbildung vieler Pflanzen.

Licht kann auf Entwicklung, Qualität und Kulturdauer, je nach Pflanzenart und Sorte, sehr unterschiedlich Einfluss nehmen. In Kapitel 5 wird auf die direkte Wirkung des Lichtes auf einzelne Arten näher eingegangen.

2.3 Wasser

Wasser ist der Hauptbestandteil aller lebenden Zellen. Die Pflanzen bestehen zu 80 bis 95 % aus Wasser. Für alle lebensnotwendigen Prozesse in der Pflanze ist Wasser unabdingbare Voraussetzung, denn es ist Transportmittel, wichtiger Bestandteil der Stoffwechselprozesse, für die Stabilität (Turgor) notwendig und als Lösungs-, Quellungs- oder Kühlmittel stets erforderlich. Die Entwicklung der Pflanzen hängt davon ab, wie geregelt Wasseraufnahme, Wassertransport und Wasserabgabe erfolgen können.

Die **Wasseraufnahme** erfolgt im Wesentlichen über die Wurzeln. Diese können das Wasser jedoch nur aufnehmen, wenn die Saugkraft der Wurzeln größer ist als die Saugkraft des Substrates und wenn die Konzentration der gelösten Nährsalze im Boden nicht die Konzentration in der Pflanze übersteigt (Osmose). Die ständige Verdunstung von Wasser über das Blatt lässt einen Transpirationssog entstehen, der für den **Wassertransport** in der Pflanze sorgt. Die starke Kohäsion der Wassermoleküle und die Adhäsion der Wassermoleküle an der Gefäßwand im Stängel sorgen für einen ununterbrochenen Wasserstrom bis an die Spitze der Pflanzen. Die durch die Verdunstung erfolgende **Wasserabgabe** ist sehr stark von äußeren Bedingungen abhängig. So ist die Transpiration nachts infolge geschlossener Stomata gering. Bei hoher Lichtintensität, großer Wärme oder steigender Windgeschwindigkeit erhöht sich die Verdunstungsrate erheblich. Etwa 98 % der aufgenommenen Wassermenge werden durch die Transpiration wieder abgegeben.

Entwicklungsgeschichtlich haben sich viele Pflanzen an den Wasserhaushalt ihres heimatlichen Standortes angepasst. So finden wir z. B. Pflanzen aus trockneren Gebieten mit verdickten, fleischigen Blättern, die als Wasserspeicher dienen oder mit starker Epidermis, zur Reduzierung der Verdunstung. Pflanzen feuchter Standorte sind eher an großen, weichen oder behaarten Blättern erkennbar. Für die Pflanzenproduktion sind besonders die morphologischen Wirkungen des Wassers auf den pflanzlichen Habitus von Bedeutung. Dabei kommt dem Einsatz geringer Wassermengen eine besondere Bedeutung zu. Eine relativ trockene Kulturführung kann zu kompakteren Pflanzen mit kleinerem Laub führen. Wasser-

Tab. 2. Wasserbedarf ausgewählter Beet- und Balkonpflanzen

Gering	Mittel	Hoch
Begonia Semperflorens-Cultorum-Gruppe	*Begonia* Tuberhybrida-Gruppe (Knollenbegonien)	*Argyranthemum*
Diascia	*Fuchsia*	*Bidens*
Lobelia	*Impatiens walleriana*	*Helichrysum petiolare*
	Lobelia in Anzuchtphase	
Nemesia	*Pelargonium*	*Impatiens* Cultivars-Neuguinea-Gruppe
	Sanvitalia	*Osteospermum*
	Sutera in Anzuchtphase	*Petunia*
		Scaevola
		Sutera
		Verbena

mangel ist jedoch zu vermeiden. Die Folge wären Qualitätsverlust, geringere Verzweigung, vorzeitige Induktion. Übermäßige Wassergaben führen zu Streckungswachstum, langen brüchigen Internodien, Verzögerung der Induktion und wenig widerstandsfähigen Pflanzen. Da der **Wasserbedarf** der Gattungen sehr unterschiedlich sein kann, ist auf eine pflanzengerechte Wassergabe zu achten (siehe Tab. 2).

Besonders bei Ebbe-Flut-Bewässerung sind kürzere Anstauzeiten günstiger, um Sauerstoffmangel durch zu viel Wasser im Substrat zu vermeiden.

Neben der Wassermenge spielt für die Produktion von Beet- und Balkonpflanzen auch die **Wasserqualität** eine wichtige Rolle. Moderne Bewässerungsmethoden benötigen in viel höherem Maße qualitativ gutes Wasser als herkömmliche Produktionsverfahren. Sehr leicht kann es durch geschlossene Bewässerungssysteme zur Erhöhung der Salzkonzentration im Substrat kommen. Bei Tröpfchenbewässerung führen die Salzablagerungen außerdem zur Verstopfung der Kapillarschläuche. Ein erheblich höherer Arbeitsaufwand und verminderte Pflanzenqualität durch ungleichmäßige Versorgung sind die Folge. Tabelle 3 gibt einen Überblick über die Einstufung der Gießwasserqualität für die Verwendung bei Kulturpflanzen mit unterschiedlicher Salztoleranz. Tabelle 4 zeigt Beispiele für ausgewählte Beet- und Balkonpflanzen.

Zur Beurteilung der Wasserqualität ist eine Analyse auf folgende Inhalte bzw. Kriterien erforderlich:

Tab. 3. Mögliche Salzkonzentrationen im Gießwasser von Kulturpflanzen (nach Schäfer 2003b)

Stoffe	Einheit	Salztoleranz der Kulturpflanzen hoch	mittel	niedrig	sehr niedrig
Salz	mg/l	1000	750	500	250
Chlorid	mg/l	300	200	100	50
Natrium	mg/l	150	150	100	50
Sulfat	mg/l	300	250	200	100
Gesamthärte	°dH	30	20	12	6
Karbonathärte	°dH	25	15	8	4

- Gesamtsalzgehalt im mg/l oder Leitfähigkeit in µS,
- Gesamthärte und Karbonathärte in °dH,
- Natrium (Na), Chlor (Cl), Calcium (Ca), Magnesium (Mg), Nitrat-N in mg/l oder mmol/l,
- Eisen (Fe), Mangan (Mn), Zink (Zi), Kupfer (Cu), Bor (B), Fluor (F) in mg/l oder µmol/l.

Die Empfindlichkeit der Pflanzen bei zu hohen Salzkonzentrationen ist sehr verschieden. Es gibt sowohl unterschiedliche Toleranzgrenzen zwischen den Gattungen, Arten und Sorten als auch zwischen den verschiedenen Entwicklungsstufen. Eine hohe Leitfähigkeit des Gießwassers schränkt außerdem die Höhe der möglichen Düngergaben stark ein. Bei hohem Salzgehalt im Gießwasser kann es zu deutlicher Unterversorgung an wichtigen Nährstoffen kommen, da die Zugabe von Nährstoffen nur bis zur Toleranzgrenze erfolgen

Tab. 4. Salztoleranz einiger Beet- und Balkonpflanzen (Gesamtsalzgehalt im Gießwasser nach Schäfer 2003a)

Hoch	Mittel	Niedrig	Sehr niedrig
< 1000 mg/l	< 750 mg/l	< 500 mg/l	< 250 mg/l
Argyranthemum	*Begonia* Semperflorens-Cultorum-Gruppe	*Begonia* Tuberhybrida-Gruppe	Vermehrungen
Chrysanthemum	*Impatiens walleriana*	*Fuchsia*	
Osteospermum	*Sanvitalia*	*Impatiens* Cultivars-Neuguinea-Gruppe	
Pelargonium	*Verbena*	*Primula*	

kann. Bei Überschreitung dieser Grenzen kommt es zu Schädigung der Wurzeln, verzögertem Wachstum und im Extremfall zu Blattverbrennungen. Um Qualitätsverluste durch Mangelerscheinungen oder Überschreitung von Toleranzgrenzen zu vermeiden, sind angepasste Düngergaben unter Berücksichtigung der im Wasser vorhandenen Salze (Nährstoffe) unumgänglich. Bei den Salzen sind besonders Natrium und Chlorid für die Pflanzenwurzeln schädlich. Bei extrem hohen Werten kann es zu Wachstumsdepressionen kommen.

2.4 Luftfeuchtigkeit

In modernen dichten Gewächshäusern kann es leicht zu sehr hoher Luftfeuchtigkeit kommen. Die Transpiration der Pflanze, der geringe Luftaustausch, eine hohe Differenz zwischen Heiz- und Lüftungstemperatur, zu niedrige Nachttemperaturen und damit verbundene Taupunktunterschreitungen sind die Ursachen. Neben erhöhtem *Botrytis*-Risiko wird auch die Pflanze insgesamt geschwächt. Die verminderte Transpiration führt zur verminderten Nährstoffaufnahme. Die Folge sind Mangelerscheinungen. Der hohe Turgor führt zu großen Zellen. Die Pflanzen werden weich, mastig und wenig widerstandsfähig. Durch gezielte Entfeuchtungsstrategien, eine trockene Kulturführung und geringe Temperaturschwankungen zwischen Tag- und Nachttemperatur kann die Luftfeuchtigkeit erheblich gesenkt werden.

2.5 Kohlendioxid

Kohlendioxid ist mit einem nahezu konstanten Wert von 0,03 Vol.-% (300 ppm) in der Luft enthalten. Zusammen mit den Wachstumsfaktoren Licht, Wasser und Temperatur ermöglicht es die Photosynthese und damit den Aufbau von Kohlenhydraten in der Pflanze.

$$6\ CO_2 + 12\ H_2O \xrightarrow[\text{energie}]{\text{Strahlungs-}} C_6H_{12}O_6 + 6\ O_2 + 6\ H_2O$$

Die Assimilationsrate hängt wesentlich von der zur Verfügung stehenden Strahlungsenergie, der Temperatur und dem CO_2-Gehalt der Luft ab. Bei gut isolierten Gewächshäusern und betonierter Grundfläche kann es zu einem Absinken des CO_2-Gehaltes unter 0,025 Vol.-% kommen. Bei diesem Angebot ist die Pflanze nicht mehr in der Lage, ausreichend CO_2 über die Spaltöffnungen aufzunehmen. Sinkt der Wert auf 0,005 Vol.-% kann es zu erheblichen Wuchsdepressionen kommen.

Unter Schwachlichtbedingungen kann durch eine Erhöhung der CO_2-Konzentration die Photosyntheseleistung nicht wesentlich erhöht werden. Beim Einsatz von Assimilationsbelichtung ist die künstliche Erhöhung der CO_2-Konzentration zur Verbesserung der Assimilationsrate überlegenswert.

Für die meisten Zierpflanzen sollte die CO_2-Konzentration jedoch nicht über 900 ppm angehoben werden. Höhere CO_2-Konzentrationen können leicht zu Blattschäden führen.

2.6 Nährstoffe

Zur optimalen Entwicklung der Pflanzen sind nicht nur die genannten Wachstumsfaktoren für den Aufbau von Kohlenhydraten notwendig, sondern auch eine Reihe von Nährstoffen (Nährelementen), die für den Aufbau von Eiweißen, Fetten, Vitaminen, Hormonen und Chlorophyll erforderlich sind. Auch die Aktivierung von Enzymen kann durch vielfältige chemische Prozesse realisiert werden. Neben den nichtmineralischen Elementen Kohlenstoff, Sauerstoff und Wasserstoff sind es weitere 13 Elemente, die für Wachstum und Entwicklung notwendig sind. Sechs davon werden in größeren Mengen benötigt und deshalb als Hauptnährstoffe bezeichnet, die verbleibenden sieben Elemente werden unter dem Begriff Spurenelemente zusammengefasst.

Hauptnährstoffe sind Stickstoff (N), Phosphor (P), Kalium (K), Calcium (Ca), Magnesium (Mg) und Schwefel (S), Spurennährstoffe sind Eisen (Fe), Mangan (Mn), Zink (Zn), Kupfer (Cu), Bor (B), Molybdän (Mo) und Chlor (Cl). Die Verfügbarkeit dieser Nährstoffe für die Pflanze hängt davon ab, in welcher Bindungsform sie im Boden vorhanden sind und wie hoch der pH-Wert im Boden ist. Die Abbildung 1 zeigt, dass die Verfügbarkeit der einzelnen Nährstoffe bei unterschiedlichem pH-Wert sehr differenziert ist. Während die Hauptnährstoffe N, K, Ca, Mg und S ab einem pH-Wert von 5,5 gleichbleibend gut von der Pflanze aufgenommen werden können, wird P nur bei pH 6 bis 7 problemlos freigesetzt. Bei pH < 5 wird P als Aluminium- und Eisenphospat und bei pH > 7 als Calciumphosphat im Boden festgelegt. Die Verfügbarkeit von Fe, Mn, Cu, Zn und B nimmt schon ab pH 6 in den alkalischen Bereich aufsteigend ab, Mo wird ab pH 6 und weiter in den sauren Bereich weniger pflanzenverfügbar und Al kann erst im sauren Milieu bei pH < 5 aufgenommen werden.

Für eine gute Pflanzenentwicklung ist es jedoch notwendig, diese Elemente in ausreichender Menge und in pflanzenverfügbarer Form anzubieten. Stickstoff wird beispielsweise überwiegend als Nitrat (NO_3) oder Ammonium (NH_4) aufgenommen.

2.6.1 Stickstoff (N)

Stickstoff ist das wichtigste Element in der Pflanze, hat er doch eine deutlich sichtbare Wirkung auf das Pflanzenwachstum. Er ist unerlässlich für die Eiweißbildung, Baustein aller Enzyme, Bestandteil organischer Basen sowie Bestandteil von Chlorophyll und vielen anderen Verbindungen in der Pflanze.

Kennzeichen für Stickstoffmangel:
- Blätter beginnen sich von der Spitze her aufzuhellen und werden bei starkem Mangel chlorotisch,
- geringe Seitentriebbildung,
- vorzeitige Blüteninduktion (Notblüte) möglich,
- verringertes Wachstum.

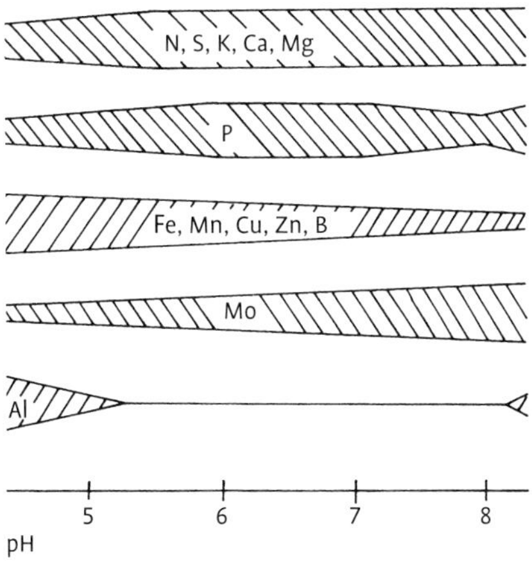

Abb. 1. Verfügbarkeit der Nährstoffe in Abhängigkeit vom pH-Wert (aus JANSEN et al. 1998).

Kennzeichen für Stickstoffüberschuss:
- Dunkelgrüne Blätter,
- geringe Standfestigkeit,
- verminderte Widerstandsfähigkeit gegenüber Krankheiten und Schädlingen,
- Verzögerung von Blütenbildung und Samenreife.

Für eine gute Aufnahme und Verarbeitung des vorhandenen Stickstoffs ist die Berücksichtigung der Wasserqualität wichtig. Bei Werten um 15 °dH (Karbonathärte) sollte Stickstoff in Ammonium- und Nitratform zu etwa gleichen Teilen angeboten werden. Mit zunehmender Härte ist der Ammoniumanteil zu erhöhen, bei geringerer Härte der Nitratanteil. Entsprechende Mehrnährstoffdünger werden von verschiedenen Herstellern empfohlen.

2.6.2 Phosphor (P)

Auch Phosphor wird für den Aufbau von Enzymen und Nukleinsäuren benötigt, ist Energiespeicher und -überträger und fördert die Blüten- und Fruchtbildung. Er wird leicht im Boden festgelegt und die meisten Pflanzen verfügen über eine hohe Toleranzschwelle für Phosphor. Daher kommt es nur selten zu **Phosphorüberschuss**. Indirekt kann jedoch ein Zuviel an Phosphor zu Einschränkungen bei der Verfügbarkeit anderer Nährstoffe, z. B. N, Fe oder Mn, kommen. Eine Reduzierung der

Phosphoranteile bei der Ernährung kann zur gezielten Reduzierung des Streckungswachstums eingesetzt werden. Gegenwärtige Versuche zeigen Möglichkeiten und Grenzen von Phosphor als Mittel zur Wuchsregulierung auf.

Kennzeichen für Phosphormangel:
- Gehemmtes Wachstum,
- schwache Wurzelentwicklung,
- dunkel- bis schmutzig grüne Blätter, zum Teil rötliche Verfärbung an der Blattunterseite, tritt zuerst an älteren Blättern auf, später Verlagerung in jüngere Blätter, da Phosphor in Pflanzen gut beweglich,
- starre Haltung der Blätter („Starrtracht"),
- geringere Blüten- und Fruchtbildung.

2.6.3 Kalium (K)

Kalium reguliert den Wasserhaushalt der Pflanzen. Der größte Teil des aufgenommenen Kaliums verbleibt im Zellsaft, unterstützt die Aktivität einzelner Enzyme und trägt zur Festigung des Pflanzengewebes bei. Es erhöht die Standfestigkeit und die Widerstandsfähigkeit gegenüber Krankheiten, Schädlingen und insbesondere die Frostresistenz. Im Gegensatz zu vielen anderen Nährstoffen wird Kalium nicht in die organische Substanz der Pflanzen eingebaut. Für den Wasserhaushalt spielt Kalium jedoch eine wichtige Rolle. Gut versorgte Wurzelzellen können das Wasser leichter aufnehmen und innerhalb der Pflanze weiterleiten. Transpiration und Atmung werden verringert, was zu einer rationelleren Verwendung des aufgenommenen Wassers führt. Mit Kalium gut versorgte Pflanzen vertragen Zeiten ungünstiger Wasserversorgung besser.

Kennzeichen für Kaliumüberschuss:
- Verbrennungen durch zu hohe Salzkonzentrationen, beginnend an den Blatträndern,
- Einschränkung der Verfügbarkeit von Magnesium und Calcium.

Kennzeichen für Kaliummangel:
- Chlorosen, später Nekrosen an älteren Blättern, beginnend an der Blattspitze und den -rändern,
- Wassermangel („Welketracht"),
- verringerte Widerstandsfähigkeit.

2.6.4 Magnesium (Mg)

Magnesium ist ein wichtiger Baustein des Chlorophylls. Es ist in vielfältige andere organische Verbindungen eingebaut und aktiviert Enzyme für die Eiweißsynthese und die Energieübertragung. Bei zu hohem Kalk- und/oder Kaliumangebot kann die Magnesiumaufnahme verhindert werden.

Magnesiumüberschuss ist nur als indirekte Wirkung, bei Kalium- und Calciummangel, sichtbar.

Kennzeichen für Magnesiummangel:
- Von Blattmitte beginnend chlorotische Blätter, Blattadern bleiben grün, schmaler grüner Saum um Blattadern, zunächst an älteren Blättern sichtbar,
- Blattnekrosen.

2.6.5 Calcium (Ca)

Calcium trägt entscheidend zur Gewebefestigkeit bei, hat enzymaktivierende Funktionen und ist für Zellteilung, -streckung und Atmung notwendig. Es fördert außerdem das Wurzelwachstum.

Direkte Pflanzenschäden durch **Überschuss an Calcium** sind nicht bekannt, indirekt kann es auch hier zur eingeschränkten Verfügbarkeit anderer Ionen kommen.

Kennzeichen für Calciummangel:
- Chlorosen und Nekrosen an den jüngeren Blättern, besonders am Vegetationskegel,
- Abknicken von Trieben und Blütenstielen.

2.6.6 Schwefel (S)

Schwefel ist Bestandteil wichtiger Bausteine (Eiweiße, Kohlenhydrate) in der Pflan-

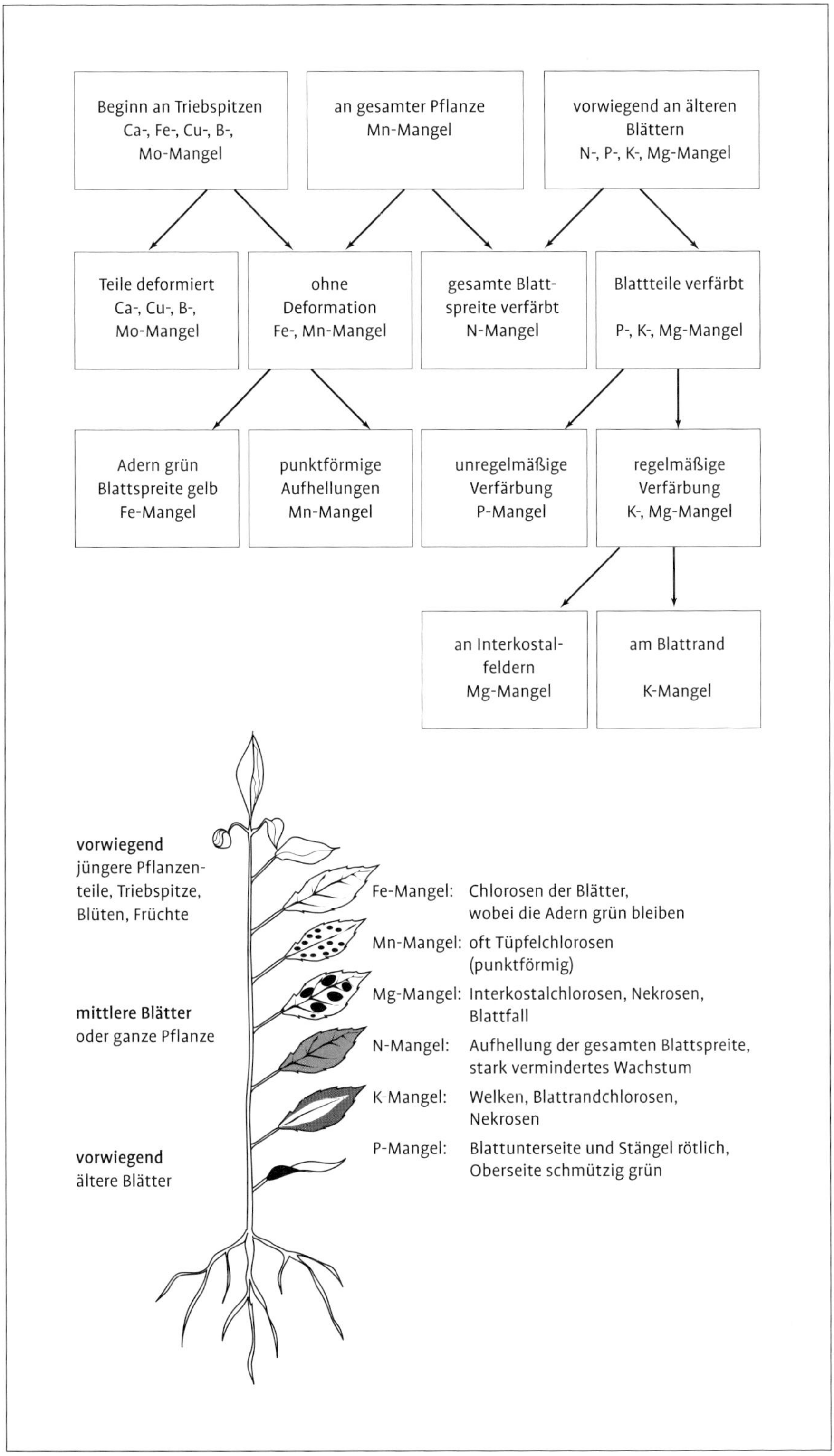

Abb. 2. Nährstoffmangelsymptome (aus DEGEN und SCHRADER 2002).

ze. Eine besondere Bedeutung kommt ihm beim Aufbau von Eiweiß zu. Schwefel kann sowohl über die Wurzeln als auch über das Blatt aus der Luft aufgenommen werden. Die zunehmend „saubere" Luft kann dazu führen, dass Schwefelmangel auftritt. **Schwefelüberschuss** ist nicht zu erwarten.

Kennzeichen für Schwefelmangel:
- Symptome sind ähnlich den Mangelsymptomen bei Stickstoff, die Aufhellung der Blätter beginnt jedoch an den jungen Blättern,
- verzögerte Blütenbildung ist möglich.

2.6.7 Eisen (Fe)

Eisen dient der Steuerung von Enzymaktivitäten und ist für den Aufbau von Chlorophyll und Proteinen von Bedeutung. Einige Beet- und Balkonpflanzen benötigen eine gute Eisenversorgung zur optimalen Pflanzenentwicklung (z. B. *Calibrachoa*, *Nemesia*, *Scaevola*), denn sie reagieren besonders schnell auf Eisenmangel. **Eisenüberschuss** ist nicht bekannt.

Kennzeichen für Eisenmangel:
- Chlorotische Blätter, an den jungen Blättern beginnend, Blattadern bleiben grün,
- bei starkem Mangel werden die Blätter, mit Ausnahme der Blattadern, fast weiß.

Abbildung 2 (Seite 19) gibt einen Leitfaden zur Erkennung von Nährstoffmangelsymptomen.

Spezielle Fragen zu Nährstoffbedarf und Düngung einzelner Gattungen, Arten und Sorten werden im Kapitel 5 behandelt.

Kein Wachstumsfaktor wirkt allein. Immer ist es ein Zusammenspiel verschiedener Faktoren. Dabei sind die gegenseitige Beeinflussung von Temperatur und Licht für die Kulturführung bei Beet- und Balkonpflanzen von besonderer Wichtigkeit. Welche Kombinationen zu welchen Ergebnissen führen, wird im Kapitel 3 „Kulturverfahren" ausführlich dargelegt. Ebenso werden an dieser Stelle auch die Möglichkeiten der Temperaturregelung zu verschiedenen Tageszeiten und in unterschiedlichen Entwicklungsstadien erläutert.

2.7 Wachstumsregulatoren

Die meisten Beet- und Balkonpflanzen können ohne Hemmstoffbehandlung nicht in der erforderlichen Qualität produziert werden. Die sehr differenzierte Wirkung der zur Verfügung stehenden Hemmstoffe macht ihre Anwendung schwierig. Der Wunsch nach einem einzigen Mittel für alle Beet- und Balkonpflanzen ist nicht realisierbar. Zu unterschiedlich ist der Hemmstoffbedarf der einzelnen Sorten. Die Unterschiede betreffen dabei nicht nur die notwendige Konzentration, sondern auch die unterschiedliche Wirksamkeit des Stauchemittels auf Gattung, Art und Sorte.

Für die Anwendung als Hemmstoff sind Cycocel 720 (Wirkstoff Chlormequat), Regalis® (Wirkstoff Prohexadion-Ca), Caramba (Wirkstoff Metconazol) und Topflor (Wirkstoff Flurprimidol) zugelassen bzw. genehmigt. Einige Fungizide mit der Wirkstoffgruppe der Azole, die im Zierpflanzenbau zugelassen bzw. genehmigt sind, haben eine hemmende Nebenwirkung. Bei der fachgerechten Anwendung dieser Fungizide (z. B. Tilt 250 EC, Folicur®) ist diese Nebenwirkung unbedingt zu beachten. Alle genannten Mittel sind nur im Spritzverfahren zugelassen.

Auch für **Cycocel 720** (**CCC**) ist keine Gießbehandlung erlaubt. Die Anwendung von CCC kann zwar für einige Pflanzenarten empfohlen werden (vgl. Kap. 5), hat jedoch nicht die breite Wirkung für alle Kulturen. Die Pflanzen sollen nach der Behandlung tropfnass sein (Aufwandmenge etwa 150 bis 200 ml/m^2). Ein Abtropfen in das Substrat oder auf die Stellfläche ist ohne Folgen für die nachfolgende Kultur. CCC wird in einer Konzentration von 0,1 bis 0,2 %, je nach Pflanzenart, angewandt.

Regalis® kann ebenfalls nur bei ausgewählten Arten angewendet werden. Das Mittel hat zwar eine recht gute hemmende Wirkung auf viele Pflanzenarten, greift jedoch in die Anthocyan- und Flavonoidsynthese der Pflanzen ein und ist somit für alle rot und blau blühenden Sorten nicht geeignet. Auch sehr frühe Behandlungstermine garantieren keine optimale Blütenfärbung. Die Aufwendmenge beträgt 100 ml/m^2. Die Konzentration des Spritzmittels sollte, je nach Pflanzenart, zwischen 0,15 und 0,25 % liegen.

Bei Anwendung von **Caramba**, einem Fungizid aus dem landwirtschaftlichen Bereich, welches auch zur Wuchsregulierung im Zierpflanzenbau genehmigt ist, muss ebenfalls auf die Pflanzenverträglichkeit geachtet werden. Zu hohe Konzentrationen können zu Verbrennungen an Blättern und Blüten führen. Zu späte Behandlungen haben leicht Blühverzögerungen oder Blütendeformationen zur Folge. Die Erfahrungen zeigen, dass Caramba ein breites Wirkungsspektrum hat und für viele Beet- und Balkonpflanzen zur Anwendung kommen kann (siehe Kap. 5), wenn einige Voraussetzungen beachtet werden. Mehrfachspritzungen mit niedriger Konzentration werden besser vertragen als eine einmalige Behandlung mit höherer Spritzmittelkonzentration. Die Pflanzen sollten nach der Behandlung nur feucht und nicht tropfnass sein (Aufwandmenge 100 ml/m^2). Je nach Jahreszeit und Pflanzenart (vgl. Kap. 5) sollte die Konzentration des Spritzmittels zwischen 0,05 und 0,10 % liegen. Eine Behandlungstemperatur von über 10 °C wird für eine gute Wirkstoffaufnahme empfohlen. Caramba kann über die Wurzeln aufgenommen werden, führt dann jedoch leicht zu unkontrollierbaren Wirkungen. Deshalb ist darauf zu achten, dass das Mittel nicht in das Substrat oder auf die Stellflächen gelangen kann.

Letzteres gilt in besonderem Maße auch für die Anwendung von **Topflor**. Dieses Mittel hat ebenfalls eine sehr starke hemmende Wirkung. Bei unsachgemäßer Verwendung kommt es zu extrem starken Stauchungen. Die Pflanzen stellen dann über einen sehr langen Zeitraum jegliches Wachstum ein, zum Teil kommt es zu irreversiblen Schäden und unverkäuflichen Pflanzen. Aufwandmengen von 60 bis 100 ml/m^2 je nach Pflanzengröße und Jahreszeit dürfen nicht überschritten werden, das heißt, die Pflanzen sollen nur hauchdünn benetzt werden. Bei sachgerechter Anwendung ist Topflor für viele Pflanzenarten sehr gut anwendbar. Es führt zu einem harmonischen Pflanzenaufbau und verursacht bei sachgerechter Anwendung keine Schäden an Blättern und Blüten. Bei Topflor ist in besonderem Maße auf die Wuchseigenschaften der zu behandelnden Sorten zu achten und gegebenenfalls die Konzentration bei schwächer wachsenden Sorten zu reduzieren. Die Empfehlung reicht von 0,025 % für schwach wachsende Sorten bis 0,1 % für sehr stark wachsende Sorten (vgl. Kap. 5).

Anwendungskonzentrationen und -häufigkeit sind in starkem Maße von Sorteneigenschaften und gewünschtem Endprodukt abhängig. Außerdem spielen Lichtangebot, Temperatur und Entwicklungsstadium der Pflanzen eine wichtige Rolle. Nicht zu vernachlässigen ist auch der Kostenfaktor. So ist die Anwendung mit Topflor trotz geringer Anwendungskonzentration wesentlich kostenintensiver als beispielsweise die Behandlung mit Caramba. Am preisgünstigsten ist die Verwendung von CCC. Leider hat dieses Mittel nicht die erforderliche Breitenwirkung, sodass Cycocel 720 nur für wenige Arten der richtige Hemmstoff ist.

2.8 Pflanzenschutz

Die sachgerechte Durchführung von Pflanzenschutzmaßnahmen ist ein wichtiger Teil der Kulturführung. Die Arten- und Sortenvielfalt unter den Beet- und Balkonpflanzen stellt hierbei besondere Anforderungen an den Produzenten. Optimale Bedingungen für alle Pflanzen zu gewährleisten, ist nur bei der Produktion von großen Einheiten möglich. Dem vorbeugenden

Pflanzenschutz kommt daher bei den Beet- und Balkonpflanzen eine ganz besondere Bedeutung zu.

An erster Stelle steht die gründliche Vorbereitung der Produktionsflächen, das heißt Desinfektion von Stellflächen, Gefäßen und Geräten mit MENNO Florades (1 bis 3 %), Unkrautbeseitigung im Gewächshaus und Eingangskontrolle der gelieferten Jungpflanzen. Bei Verwendung von eigenem Kultursubstrat sind geeignete Desinfektionsmaßnahmen (z. B. Dämpfen) sowie eine Bodenanalyse unumgänglich. Weitere vorbeugende Maßnahmen sind eine gute Sortenwahl, eine bedarfsgerechte Nährstoff- und Wasserversorgung sowie regelmäßige Bestandskontrollen. Diese Kontrollen werden durch das Aufhängen von Blau- und Gelbtafeln in Pflanzenhöhe erleichtert. Blautafeln dienen der Überwachung von Thripsen. Möglich ist auch ein Ausklopfen von Blüten auf weißem Papier, um Thripsbefall zu kontrollieren. Gelbtafeln zeigen den Befall von Weißen Fliegen, Trauermücken, Minierfliegen und geflügelten Läusen an.

Der rechtzeitige Einsatz geeigneter Mittel für die Bekämpfung verringert das Produktionsrisiko. Dabei müssen immer die Grundsätze des „Integrierten Pflanzenschutzes" beachtet werden. Chemische Maßnahmen sind auf das absolut notwendige Maß zu beschränken. Oft ist eine Herdbehandlung vollkommen ausreichend, um anschließend mit biologischen Verfahren (z. B. Einsatz von Nützlingen) die Behandlung fortzusetzen. Für die Anwendung von Nützlingen im Bereich Beet- und Balkonpflanzen werden in Tabelle 5 einige Möglichkeiten aufgezeigt.

Die Anwendung von Nützlingen ist oft nur gegen einige Schädlinge möglich oder sinnvoll. Andere Krankheiten und Schädlinge sind nur chemisch zu bekämpfen. Für die Kombination beider Bekämpfungsweisen ist auf nützlingsschonende Pflanzenschutzmittel (PSM) zu achten. Die Tabelle 6 enthält einige nützlingsschonende PSM bzw. Wartezeiten bis zum erneuten Aussetzen von Nützlingen im Bestand.

Zunehmend treten bei den vegetativ vermehrten Arten Viren auf. Eine regelmäßige Kontrolle und rechtzeitiges Entfernen befallener Pflanzen kann eine Ausbreitung verhindern. Oft sind es Tospo- oder Tobamoviren, die in den Beständen diagnostiziert werden. Die eindeutige Diagnose ist nur durch ein Pflanzenschutzlabor möglich, denn die Symptome sind, je nach Gattung und Art, sehr unterschiedlich. Neben grüngelben Ringmustern können auch grüngelbe Panaschierungen auftreten, ebenso Verkrüppelungen, Wuchsdepressionen, Chlorosen oder Blattnekrosen. Bei stark gezeichneten Blättern ist die Erkennung noch schwieriger. Während Tospoviren durch beißende und saugende Insekten übertragen werden, erfolgt bei den Tobamoviren die Übertragung in der Regel durch Stutzen oder Stecklingsschnitt. Einzigste Maßnahmen um sich vor Verbreitung der Viren zu schützen, sind die rechtzeitige Bekämpfung von beißenden und saugenden Insekten sowie die Desinfektion von Geräten und Händen beim Schneiden und Stutzen der Stecklinge.

Bakterielle Erkrankungen, wie *Xanthomonas* sp., treten nach sehr feuchter Kulturführung bei einigen Arten immer wieder auf. Eine Bekämpfung ist nicht möglich. Die Einhaltung hygienischer Maßnahmen ist oberstes Gebot. Erkrankte Pflanzen sind unbedingt aus dem Bestand zu entfernen. Bei geschlossenen Bewässerungssystemen kann es anderenfalls sehr schnell zur Ausbreitung der Krankheit kommen.

Größere Probleme bereiten in der Vermehrung oder gleich nach dem Topfen pilzliche Schaderreger, wie *Pythium debaryanum*, *Rhizoctonia solani* oder *Thialaviopsis basicola*. Der zuletzt genannte pilzliche Erreger tritt besonders bei zu hoher Salzkonzentration im Substrat und pH-Werten > 6,5 auf, während die beiden anderen Krankheitserreger bei einer zu feuchten Anzucht gehäuft die jungen Pflanzen schädigen. Aussaaten, Stecklinge oder frisch getopfte Bestände können mit Previcur® N gegossen werden. Die auf der Packung angegebenen Aufwandmengen sind

Tab. 5. Möglicher Nützlingseinsatz bei Beet- und Balkonpflanzen

Nützlinge	Schädlinge	Bedingungen für die Wirksamkeit
Florfliegen		
Chrysoperla carnea	Blattläuse	ab 15 °C
Nematoden		
Steinernema feltiae	Trauermückenlarven	bereits ab 8 °C Bodentemperatur einsetzbar
Räuberische Dipteren		
Aphidoletes aphidimyza	Blattläuse	Fraßtätigkeit ab 14 °C, Eiablage > 18 °C, Tageslänge > 16 Stunden
Episyrphus balteatus	Blattläuse	ab 12 °C
Raubmilben		
Amblyseius barkeri	Thripse (auch *Frankliniella occidentalis*)	Temperatur > 15 °C, unabhängig von Tageslänge
Amblyseius cucumeris	Thripse (auch *Frankliniella occidentalis*)	Temperatur mindestens 18 °C
Phytoseiulus persimilis	Spinnmilben	Temperatur < 20 °C möglich, günstiger 25 bis 30 °C, relative Luftfeuchtigkeit 65 bis 85 %
Raubwanzen		
Macrolophus pygmaeus	Weiße Fliege	Temperatur ab 15 °C, Eiablage zwischen 15 und 20 °C
Schlupfwespen		
Aphidius colemani	Blattläuse	Temperatur ab 15 °C
Aphidius ervi	Blattläuse	Temperatur > 18 °C
Dacnusa sibirica	Minierfliegen (auch *Liriomyza*)	Temperatur > 18 °C
Encarsia formosa	Weiße Fliege	Temperatur > 18 °C
Lysiphlebus testaceipes	Blattläuse	Temperatur ab 20 °C

einzuhalten. Weitere bei der Anzucht von Beet- und Balkonpflanzen zu beachtende pilzliche Schaderreger sind Echter Mehltau (*Oidium* sp.), Falscher Mehltau (*Peronospora* sp.), Grauschimmel (*Botrytis cinerea*) und Rostpilze (*Puccinia* sp.). Besonders anfällige Gattungen, wie Petunien, Begonien, Torenien, *Sutera* oder Pelargonien und Fuchsien, sind verstärkt zu kontrollieren. Auf Behandlungsmöglichkeiten wird in Kapitel 5 bei der Beschreibung der einzelnen Gattungen hingewiesen, ebenso auf Anfälligkeiten und spezielle Symptome.

Unter den vielen tierischen Schaderregern sind bei der Anzucht vor allem Trauermücken (*Bradysia paupera*) und Blattläuse (*Myzus persicae* u. a.) zu beachten, zunehmend spielen auch Weiße Fliegen (*Trialeurodes vaporariorum*, *Bemisia tabaci*) und Thripse (*Frankliniella occidentalis* u. a.) eine wichtige Rolle. Bei sehr trockener Kulturführung, hohen Temperaturen oder länger andauernder Wärmeperiode verbreiten sich sehr schnell Spinnmilben (*Tetranychus urticae* u. a.), deren Bekämpfung umgehend erfolgen muss, um den sehr kurzen Entwicklungszyklus zu unterbrechen. Raubmilben (*Phytoseiulus persimilis*) können mit gutem Erfolg eingesetzt werden. Alle weiteren Pflanzenschutzmaß-

Tab. 6. Wirkung verschiedener Pflanzenschutzmittel auf Nützlinge*) (nach TLL 2007, verändert)

Handelsname	Wirkstoff	*Amblyseius barkeri/ A. cucumeris*	*Aphidius*	*Aphidoletes aphidimyza*	*Chrysoperla carnea*	*Dacnusa*	*Encarsia formosa*	*Phytoseiulus persimilis*	Nematoden
Hemmstoffe									
Cycocel 720	Chlormequat	–	–	–	1	–	1	1	–
Topflor	Flurprimidol	–	3/–	–	–	–	–	–	–
Insektizide/Akarizide									
Applaud®	Buprofezin	1/0	1/0	2/0	1/–	1/–	2/0	2/0	1/0
Apollo	Clofentezin	1/0	1/0	1/0	1/0	1/0	1/0	1/0	1/0
Conserve	Spinosad	1/0	4/1	–	1/0	4/–	3/1	1/0	–
Neem-Azal T/S®	Azadirachtin	1/0	1/0	1/0	1/0	1/0	1–3/–	2/0	–
Neudosan®-NEU	Kaliseife	3–4/0	3–4/0	4/–	4/0	4/–	3–4/–	3–4/0	4/0
Nomolt	Teflubenzuron	1/0	1/–	2/–	3/–	1/–	1/–	1/0	1/0
Pirimor®-Granulat	Pirimicarb	1/0	1/0	1–4/–	2/0	3–4/0	1–3/0	2/–	1/0
Plenum® 50 WG	Pymetrozin	1/0	3/0	1/–	1/–	–	1/0	1/0	–
Spruzid® Neu	Pyrehrine + Rapsöl	4/1	4/–	4/0	2/1	4/–	4/1	4/1	1/0
Steward®	Indoxacarb	1/0	1–4/–	1/0	1/0	–	–	1/0	–
Turex	*Bacillus thuringiensis*	1/0	1/0	1/0	1/0	1/0	1/0	1/0	
Vertimec®	Abamecitin	4/2	4/1	4/–	4/–	4/–	4/3	4/2	1/1
Fungizide									
Acrobat Plus® WG	Dimethomorph + Mancozeb	1/0	1/0	1/–	2/–	1/–	3/–	2/0	1/–
Aliette® WG	Fosetyl	1/0	1/0	3/–	1/–	1/–	1/0	1/–	1/0
BioBlatt Mehltaumittel®	Lecithin	–	1/0	–	1/0	–	1/0	1/–	1/0
Cantus®	Boscalid	–	1/–	–	1/–	–	–	–	–
Cueva®	Kupferoktanoat	2/0	1/0	–	1/0	–	–	2/0	1/0
Desmel, Tilt 250 EC	Propiconazol	–	1/0	1–4/–	1/0	1/–	1/0	1/–	1/0

Tab. 6. Wirkung verschiedener Pflanzenschutzmittel auf Nützlinge*) (nach TLL 2007, verändert) (Fortsetzung)

Handelsname	Wirkstoff	*Amblyseius barkeri/ A. cucumeris*	*Aphidius*	*Aphidoletes aphidimyza*	*Chrysoperla carnea*	*Dacnusa*	*Encarsia formosa*	*Phytoseiulus persimilis*	Nematoden
Dithane® Ultra WG	Mancoceb	1/0	1/0	3/–	2/–	1/0	1–2/0	1/0	1/0
Euparen® M WG	Tulylfluanid	1/0	3/–	1/–	2/–	4/–	4/–	2/–	–
Folicur®	Tebuconazol	–	2/–	–	1/–	–	2/–	1/–	1/–
Kumulus® WG	Schwefel	2/–	2/3	2/–	1/–	3/–	1/–	1/–	4/–
Ortiva®	Azoxystrobin	1/0	1/0	–	–	–	1/0	1/0	–
Previcur® N	Propamocarb	1/0	–	–	–	1/0	1/0	1/0	1/0
Rovral®	Iprodion	1/0	1/0	1/0	1/0	1/0	1/0	1/0	1/0
Score®	Difenoconazol	2/–	1/–	–	1/–	1/–	1/–	1/–	1/–
Switch®	Fludioxonil + Cyprodinil	–	–	–	–	–	–	2/–	–
Teldor®	Fenhexamid	–	1/0	–	–	–	–	2/–	–

*) vor Anwendung von Pflanzenschutzmitteln immer Zulassungssituation prüfen und die Mittel auf Pflanzenverträglichkeit testen

Legende:
1 nützlingsschonend (< 25 % werden abgetötet);
2 schwach schädigend (25 bis 50 % werden abgetötet);
3 mittelstark schädigend, Wartezeiten nach Ausbringung des PSM beachten (50 bis 75 % werden abgetötet);
4 stark schädigend, Wartezeiten nach Ausbringung des PSM unbedingt beachten (> 75 % werden abgetötet);
– keine Angaben verfügbar
Zahlen hinter dem Schrägstrich geben die Wartezeiten in Wochen an, die eingehalten werden sollten, bis nach Anwendung des Mittels Nützlinge eingesetzt werden können.

nahmen sind aufeinander abzustimmen. Dabei ist die Nützlingsverträglichkeit (siehe Tab. 6) zu beachten. Beim Einsatz von Insektiziden sind bei der Auswahl neuer Pflanzenschutzmittel oder auch bei unbekannten Sorten Probespritzungen zu empfehlen, um Blatt- oder Blütenschäden zu vermeiden. Bei einigen Fungiziden (vor allem bei Azolen) ist auf die stauchende Nebenwirkung zu achten. Schwach wachsende Sorten oder bereits mit Wuchshemmstoffen behandelte Partien sollten möglichst nicht mit derartigen Wirkstoffen gespritzt werden. Bereits bekannte Unverträglichkeiten sind im Kapitel 5 nachzulesen.

3 Kulturverfahren

Die Vielfalt des Angebotes an Beet- und Balkonpflanzen ist in den vergangenen Jahren stetig gewachsen und nach wie vor erweitern neue oder wiederentdeckte Arten das Sortiment. Neben dieser breiten Produktpalette sind auch die Angebotsformen breit gefächert. Je nach Produktgruppe erfolgt der Verkauf über mehrere Monate in kleinem Topf, als Ampel, Busch oder Stämmchen, um nur einige Endprodukte zu nennen. Das zu wählende Kulturverfahren hängt im Wesentlichen von folgenden Kriterien ab:

- Wahl der Pflanzenart und Sorte,
- möglicher Kulturbeginn,
- Kulturdauer der gewählten Sorte,
- Absatztermin,
- Form des Endproduktes, Qualitätskriterien.

Über viele Jahrzehnte ist die **Kaltkultur** (auch Langzeitkultur genannt) für Pelargonien und einige andere Arten praktiziert und empfohlen worden. Die **Normalkultur** mit und ohne Kühlphase war und ist für Beet- und Balkonpflanzen die am weitesten verbreitete Anzuchtmethode. Zunehmend kommt aber auch die **Kurzkultur** zur Anwendung, die für einige „schnelle" Arten eine kostengünstige Produktionsmethode darstellt. Neben diesen drei klassischen Verfahren gibt es vielfältig angepasste Kulturverfahren für die Produktgruppe Beet- und Balkonpflanzen (siehe Tab. 7).

3.1 Kaltkultur

Die Kaltkultur eignet sich für alle Arten, die über einen Zeitraum von vier bis acht Wochen Temperaturen um 5 °C ohne Qualitätsverlust vertragen. In den meisten Fällen wird diese Anzuchtmethode jedoch nur für die Produktformen angewandt, die ohne diese Langzeitkultur nicht rechtzeitig zur Blüte kommen, bzw. für Arten, die diesen Kältereiz (Vernalisation) für die Blüteninduktion zwingend benötigen, bei denen eine Blühverfrühung erreicht werden kann oder dieses Kulturverfahren zu einem besseren Habitus der Pflanzen führt. Auf die Bedeutung für einzelne Arten und Sorten wird im Kapitel 5 näher eingegangen. Auch arbeitswirtschaftliche Fragen, wie Auslastung der Arbeitskräftekapazität oder Flächenauslastung, können zur Entscheidung für die Kaltkultur führen. Betriebswirtschaftliche Analysen haben in den letzten Jahren jedoch gezeigt, dass die Langzeitkultur eher zu einer Erhöhung der Produktionskosten führt und daher nicht in jedem Fall empfehlenswert ist (siehe Tab. 8).

Mit der Kaltkultur muss im Zeitraum Oktober bis Dezember begonnen werden. Damit die Pflanzen ausreichend vegetative Masse bilden können, ist mindestens vier bis sechs Wochen vor Kühlung zu topfen. Drei bis vier Wochen vor Beginn der Kühlphase sollten die Pflanzen gestutzt werden, um eine ausreichende Entwicklung der Seitentriebe zu gewährleisten. Je nach Pflanzenart muss der Durchtrieb 2 bis 4 cm groß sein. Auf eine optimale Ernährung ist in dieser Kulturphase zu achten. Das heißt nicht, dass übermäßig Stickstoff gegeben werden sollte. Zur Förderung des Austriebs und einer guten Wurzelentwicklung ist jedoch eine ausreichende N-Versorgung zu empfehlen, ab zwei Wochen vor Kühlbeginn ist eher kalibetont zu düngen und die Düngung insgesamt zu reduzieren, um einer Überversorgung während der Kühlphase vorzubeugen. Für einige Arten ist bereits vor Beginn der Kühlphase eine Hemmstoffbehandlung notwendig (vgl. Kap. 5). Eine vorbeugende Pflanzenschutzbehand-

Tab. 7. Mögliche Kulturverfahren für einzelne Arten

Gattung	**Art**	**Kulturverfahren**						
		Kalt-kultur	**Normal-kultur**	**Normal-kultur mit Küh-lung**	**Kurz-kultur**	**Negativ Diff**	**Drop**	**cool& easy™**
Ageratum	*houstonianum*		+		+	+	+	
Angelonia			+					
Argyranthemum	*frutescens*	+	+	+	+	+	+	
Asteriscus	*maritimus*	+	+	+		+	+	+
Begonia	*boliviensis*		+			+	+	
Begonia	Semperflorens-Cultorum-Gruppe		+			+	+	
Begonia	Tuberhybrida-Gruppe (Knollen-begonien)		+					
Bidens	*ferulifolia*	+	+		+	+	+	
Calibrachoa			+		+	+	+	
Dahlia			+		+	+	+	
Dianthus	*caryophyllus*	+	+	+				+
Dianthus	*chinensis*		+					
Diascia			+		+	+	+	
Fuchsia			+			+	+	
Impatiens	Cultivars-Neu-guinea-Gruppe		+			+	+	
Impatiens	*walleriana*		+		+	+	+	
Lobelia		+	+	+	+	+	+	+
Nemesia	*caerulea*		+		+	+	+	
Nemesia	*strumosa*		+					
Osteospermum	*ecklonis*	+	+	+		+	+	+
Pelargonium	*peltatum*	+	+			+	+	
Pelargonium	*zonale*	+	+			+	+	
Petunia			+		+	+	+	
Sanvitalia	*procumbens*		+		+	+	+	
Sanvitalia	*speciosa*		+		+	+	+	
Scaevola	*saligna*		+			+	+	+
Sutera			+		+	+	+	
Tagetes	*erecta*		+		+			
Tagetes	*patula*		+		+			
Tagetes	*tenuifolia*		+		+			
Verbena		+	+			+	+	

+ geeignetes Kulturverfahren

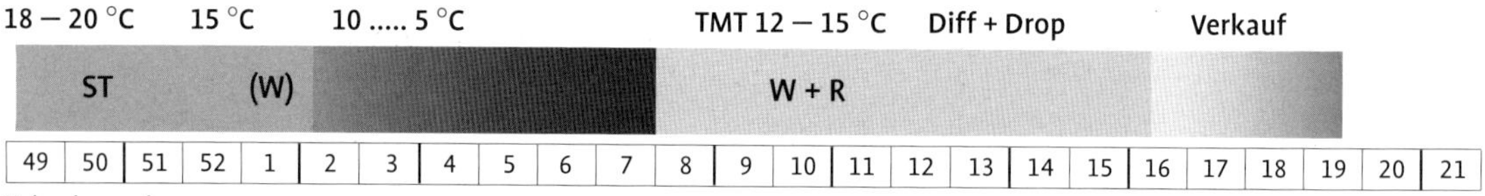

ST Stutzen
(W) bei Bedarf Einsatz von Wachstumsregulatoren
W Einsatz von Wachstumsregulatoren
R Rücken
TMT Tagesmitteltemperatur

Bei Kaltkultur zu beachten:

- vor Kühlphase ausreichend vegetative Masse bilden
- d.h., mindestens 4 bis 6 Wochen vorher topfen
- 3 bis 4 Wochen vor Kühlung stutzen
- vor Kühlung eventuell erste Hemmstoffbehandlung
- nicht mit zu hoher Nährstoffversorgung in Kaltkultur
- Ballen nicht austrocknen lassen
- vorbeugende Behandlung gegen Wurzelkrankheiten
- stufenweises Absenken der Temperatur
- nicht in Untergrund wurzeln lassen
- nicht stutzen nach Kühlung
- hemmen nach Kühlung
- nach Temperaturerhöhung auf rechtzeitiges Rücken achten

Abb. 3. Kulturschema Kaltkultur.

lung gegen bodenbürtige Erreger ist empfehlenswert. Außerdem ist ein langsames Absenken der Temperatur von 16 bis 18 °C auf 5 °C notwendig, um zusätzlichen Stress für die Pflanzen zu vermeiden.

Oft bereitet die Wasser- und Nährstoffversorgung während der Kühlphase die größten Probleme. Die Wurzelballen sollen gleichmäßig feucht gehalten werden, dürfen jedoch nicht austrocknen. Zu viel Nässe kann zu Wurzelschäden und Mangelerscheinungen aufgrund schlechter Verfügbarkeit von Nährstoffen, insbesondere Eisen führen (jüngere Blätter werden zwischen den Blattadern hell, während die Blattadern zunächst noch grün bleiben). Bei Vernässung des Substrates durch zu intensive Wassergaben kann durch den auftretenden Sauerstoffmangel das Eisen nicht über die Wurzeln aufgenommen werden. Dadurch tritt ein sogenannter induzierter Eisenmangel auf. Auch ein zu hoher pH-Wert im Substrat kann zu solchen Mangelerscheinungen führen. Ein absoluter Eisenmangel ist fast nie zu beobachten. Niedrige Temperaturen erschweren ebenso die Verfügbarkeit von Eisen wie zu hohe Mangangehalte, die im Rindensubstrat auftreten können. Dieser Eisenmangel kann durch die Verabreichung von Spezialdüngern über das Blatt, z. B. Optifer oder Flory 7, behoben werden. Vorbeugend sind auch solche Maßnahmen, wie verminderte Aufkalkung des Substrates oder Verwendung von Substrat mit Optifer oder Radigen, möglich. In den meisten Eisendüngern liegt das Fe als Chelat vor und steht somit den Pflanzen in einem breiteren pH-Bereich zur Verfügung. Im Optifer wird das Eisen als Flavonid biologisch gebunden. Auch diese Verbindung steht der Pflanze in einem sehr weiten pH-Bereich zur Verfügung und wird nicht festgelegt. Pro Kubikmeter Substrat haben sich 100 g Optifer als ausreichend bewährt.

Ein weiteres Problem bei der Kaltkultur ist aufgrund der langen Standzeit das Durchwurzeln der Pflanzen in den Untergrund. Neben der unkontrollierten Wasser- und Nährstoffzuführung bei diesen Pflanzen ist vor allem das Rücken nach der Kühlung problematisch. Die aktiven frischen Wurzeln werden bei diesem Arbeitsgang abgerissen und es kommt unweigerlich zu einer Wachstumsverzögerung, die in dieser Entwicklungsphase unbedingt vermieden werden muss.

Nach Ablauf der vorgesehenen Kühldauer ist die Temperatur wieder langsam auf 12 bis 14 °C anzuheben. Während der Kühlphase können die Pflanzen Topf an Topf stehen. Unmittelbar nach der Temperaturanhebung müssen die Arbeitsgänge

Tab. 8. Einfluss von Kulturbeginn und Heiztemperatur auf die Produktionskosten bei *Pelargonium zonale* (Bezugsgröße 1000 Stück) (aus BAHNMÜLLER et al. 2003)

Produktionsverfahren	Normalkultur	Kaltkultur
Kulturbeginn Woche	3	48
Heiztemperatur in °C*)	18/16	18/16/8/14
Materialkosten ohne Heizkosten in €	450	420
Heizkosten**) in €	200	215
Summe Materialkosten in €	650	635
Arbeitskosten in €	230	260
Gemeinkosten in €	320	430
Gesamtkosten in €	1200	1325
je Stück in €	1,20	1,32

*) zum Einwurzeln 18 °C; **) Heizölpreis 0,30 €/l mit Energieschirm

Hemmstoffbehandlung und Rücken erfolgen, um in dieser Phase keine Qualitätsverluste zuzulassen. Durch die veränderten äußeren Bedingungen nach der Kühlung (mehr Licht, höhere Temperatur) kann es zu sehr zügigem Wachstum kommen. Für einige Arten (z. B. *Convolvulus*, *Asteriscus*, *Osteospermum*) ist ein Stutzen nach der Kühlung nicht mehr sinnvoll, da die induzierten Triebe entfernt würden und somit keine gleichmäßige Blütenbildung erfolgen wird. Der gewünschte Effekt einer gleichmäßig frühen Blüteninduktion und ein reicher Blütenflor zum Verkaufstermin kann dann nicht erzielt werden.

Von besonderer Bedeutung ist in dieser Entwicklungsphase nach der Temperaturanhebung eine optimale Düngung sowie eine ausgeglichene Temperaturführung. Zu hohe Tagtemperaturen, bedingt durch intensive Sonneneinstrahlung, und sehr stark abgesenkte Nachttemperaturen führen zu einem erheblichen Streckungswachstum und sollten vermieden werden. Zusätzlicher Hemmstoffeinsatz wäre die unabdingbare Folge dieser Temperaturführung (siehe Kap. 2.1, Seite 12).

Für Pflanzenschutzmaßnahmen, die während der Kühlphase unbedingt durchgeführt werden müssen, ist die Temperatur kurzzeitig anzuheben. Dauer und Höhe der Temperaturanhebung sind vom anzuwendenden Wirkstoff abhängig und rechtzeitig vor Anwendung zu erfragen. Nach Möglichkeit sind Mittel auszuwählen, deren Wirkstoff auch bei niedrigen Temperaturen freigesetzt und aufgenommen wird. Acht bis zehn Wochen vor Verkaufstermin sollte, je nach Sorte, die Kühlphase beendet werden, um eine rechtzeitige Blüte zu garantieren. Durch Klimaregelstrategien, wie negativ Diff und Drop, können in diesem Kulturabschnitt das Längenwachstum vermindert und die Hemmstoffbehandlungen reduziert werden. Für die meisten Arten ist ein Verkaufstermin ab Woche 16 möglich.

3.2 Normalkultur mit Kühlphase

Ähnlich der Kaltkultur steht hier die Frage der Blüteninduktion im Mittelpunkt. Noch gibt es einige Arten und Sorten unter den Beet- und Balkonpflanzen, die ohne eine Kühlphase von mindestens drei Wochen nicht oder nicht rechtzeitig zur Blüte kommen. Diese Sorten (vgl. Kap. 5) sollten Anfang Januar getopft und etwa zehn Tage nach dem Topfen entspitzt werden. Nach guter Wurzelentwicklung kann spätestens in der ersten Februardekade mit der Kühlphase begonnen werden. Temperaturen von 18 °C und eine gute Nährstoffversorgung sind für eine zügige Entwicklung in den ersten Wochen zwingende Voraussetzungen. Mit einem langsamen Absenken

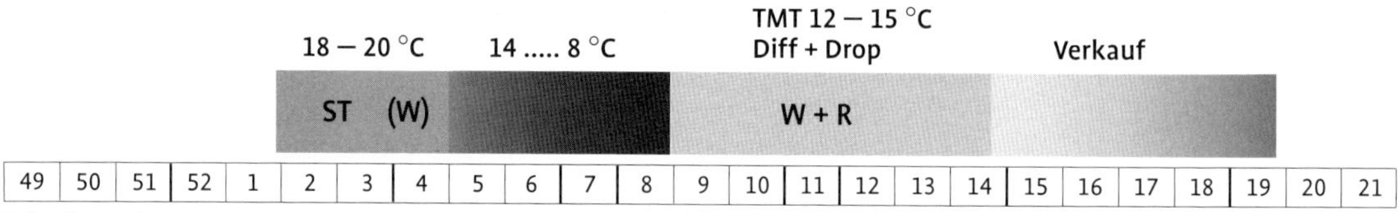

ST Stutzen
(W) bei Bedarf Einsatz von Wachstumsregulatoren
W Einsatz von Wachstumsregulatoren
R Rücken
TMT Tagesmitteltemperatur

Abb. 4. Kulturschema Normalkultur mit Kühlphase.

der Temperatur bis auf etwa 8 °C wird die Kühlphase eingeleitet. Für diese Periode gelten die gleichen Bedingungen wie bei der Kaltkultur.

Durch die länger werdenden Tage, ein besseres Lichtangebot und die kürzere Dauer der Niedigtemperaturphase ist das Produktionsrisiko im Vergleich zur Kaltkultur jedoch deutlich geringer.

Einige Beet- und Balkonpflanzen sind „**Kältesummenblüher**“. Das heißt, je niedriger die Temperatur ist, desto kürzer kann die Kühlperiode sein, um eine Blühinduktion auszulösen. Mit vier Wochen bei 5 °C kann der gleiche Effekt erzielt werden wie mit acht Wochen bei 10 °C. Diese Erkenntnis ist dann von besonderer Bedeutung, wenn die Witterungsverhältnisse keine Temperaturabsenkung auf 5 °C ermöglichen. Bei 5 °C wird das Wachstum nahezu eingestellt, während es bei 10 °C und ungünstigen Lichtbedingungen (trübes Wetter, enger Pflanzenbestand) zu schwachem Wachstum mit lockerem Pflanzenaufbau kommt. Nach Möglichkeit sollte deshalb eine kurze Kühlphase mit niedriger Temperatur realisiert werden. Die anschließende Temperaturerhöhung auf eine TMT von 15 bis 18 °C ist abhängig von der Pflanzenart und dem gewünschten Blühtermin. Bei Verkauf ab Ende April/Anfang Mai ist für die meisten Arten die höhere Temperatur erforderlich, bei Verkauf ab Mitte Mai ist eine TMT von 15 °C oft ausreichend.

Die steigenden Energiekosten führen jedoch gerade in dieser Produktionsphase oft zu Temperaturstrategien, die für einen gedrungenen und kompakten Habitus nicht förderlich sind (siehe Kap. 2.1, Seite 12). Niedrige Heiztemperaturen und hohe Lüftungstemperaturen fördern in erheblichem Maße das Streckungswachstum. Die deutliche Energieeinsparung erfordert deshalb auf der anderen Seite einen erhöhten Hemmstoffeinsatz. Im Kapitel 5 wird auf die Eigenschaften, Ansprüche und Besonderheiten einzelner Arten und Sorten eingegangen. In Tabelle 7 auf Seite 27 sind die wichtigsten Arten, die mit einer Kühlphase produziert werden sollten, zusammengestellt. Die kürzere Kulturzeit führt insgesamt zu geringeren Produktionskosten.

3.3 Normalkultur

Im Allgemeinen wird in den ersten Wochen des Jahres mit dem Topfen von Beet- und Balkonpflanzen begonnen, um ab Mitte April blühende Ware abzusetzen. Dieses Kulturverfahren wird als Standardmethode oder Normalkultur bezeichnet. Bis Mitte Februar kann bei artgerechter Temperatur-, Nährstoff- und Wasserführung bei der Normalkultur mit dem Topfen begonnen werden. Gute Sortenkenntnis und eine genaue Flächenplanung sowie die Einhaltung der Produktionsparameter führen auch bei kürzerer Kulturzeit zu guter Pflanzenqualität.

Zu Kulturbeginn sind etwas höhere Temperaturen (18 bis 20 °C) wichtig, um eine schnelle Wurzelbildung zu ermöglichen, danach kann die Temperatur, je nach

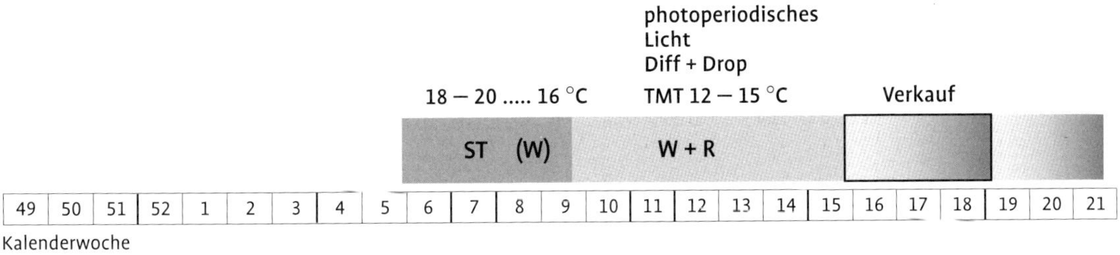

ST Stutzen
(W) bei Bedarf Einsatz von Wachstumsregulatoren
W Einsatz von Wachstumsregulatoren
R Rücken
TMT Tagesmitteltemperatur

Abb. 5. Kulturschema Normalkultur.

Pflanzenart, auf 14 bis 18 °C abgesenkt werden. Für ein optimales Wachstum ist neben der Temperatur auch die Nährstoffversorgung von Belang. Viele Beet- und Balkonpflanzen wachsen in Substrat mit einem niedrigen pH-Wert (um 5,5) problemloser als bei pH 6,5. Die schon bei der Kaltkultur erwähnte Eisenversorgung ist auch bei der Normalkultur für einige Arten für den Produktionserfolg ausschlaggebend. Für diese Arten (Kapitel 5) empfiehlt sich die Verwendung eines Spezialsubstrates mit zusätzlichem Eisen und niedrigem pH-Wert. Eisendüngungen während der Kultur können auf diese Weise eingespart werden.

Unmittelbar nach dem Anwachsen können verschiedene Klimaregelstrategien zur Energieeinsparung und/oder zur Verbesserung des Pflanzenaufbaus Anwendung finden. In den Kapiteln 3.6 und 3.7 wird auf die verschiedenen Möglichkeiten der Temperaturführung und deren Einfluss sowie auf Vor- und Nachteile eingegangen.

3.4 Kurzkultur

Getopft wird in Woche 10 bis 12. Für diesen Topftermin sind schnell wachsende Sorten erforderlich sowie eine zügige Kulturführung ohne Wachstumsstockungen vom Beginn bis zum Verkauf. Nicht alle Sorten sind für diese kurze Kultur geeignet und ein Verkaufstermin im April ist mit den meisten Sorten nicht zu realisieren. Auch sollten Topfgrößen zwischen 10 und 11 cm bevorzugt werden. Bei der Wahl von größeren Töpfen werden zum Teil auch zwei Jungpflanzen pro Topf empfohlen. Da der Preis für die Jungpflanzen deutlich die Produktionskosten erhöht, ist im Einzelfall zu prüfen, ob ein früherer Produktionsbeginn nicht wirtschaftlicher ist als die Verwendung von zwei Jung-

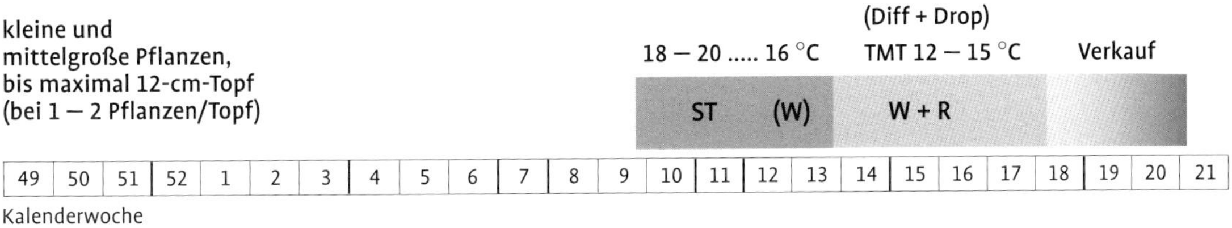

ST Stutzen
(W) bei Bedarf Einsatz von Wachstumsregulatoren
W Einsatz von Wachstumsregulatoren
R Rücken
TMT Tagesmitteltemperatur

Abb. 6. Kulturschema Kurzkultur.

pflanzen pro Topf bei spätem Topftermin.

Die Kurzkultur bietet den Vorteil, auch nach spätem Räumen von Frühjahrsblühern, z. B. späte Primeln, noch einen Satz Beet- und Balkonpflanzen auf gleicher Fläche zu produzieren, um so die Flächenproduktivität zu steigern. Aus betriebswirtschaftlicher Sicht ist die Kurzkultur effizient und Kosten sparend. Bei Betrachtung der kulturtechnischen Möglichkeiten ist jedoch festzustellen, dass Klimaregelstrategien zur Wuchs- und Habitusbeeinflussung kaum noch wirksam werden können. Die Witterungslage in unseren Breitengraden macht eine Anwendung von negativ Diff und Drop nur noch bedingt möglich. Die Anwendung chemischer Wachstumsregulatoren oder die Auswahl schwach wachsender Sorten bleiben die einzigen Möglichkeiten für die Produktion qualitativ guter Ware. Premiumqualität ist nur mit ganz wenigen Sorten in so kurzer Kulturzeit zu produzieren.

3.5 cool&easy™

Die Jungpflanzenfirma Selecta Klemm GmbH & Co. KG bietet vorgekühlte und entspitzte Jungpflanzen an. Dadurch wird es möglich, die Gewächshäuser bis in den Dezember/Januar für andere Kulturen zu nutzen und trotzdem Pflanzen zu produzieren, die diese Kühlphase für einen frühen Verkauf benötigen (siehe Tab. 7, Seite 27). Der Produzent spart Produktionskosten, die zum Teil in den Kauf der etwas teureren Jungpflanzen investiert werden müssen. Zwei mögliche Produktionsvarianten sind in Abbildung 7 dargestellt.

Der Topftermin ist nach Empfehlungen der anbietenden Firma zwischen Woche 51 und Woche 2 variabel zu gestalten und richtet sich nach dem gewünschten Blühtermin und den betrieblichen Gegebenheiten. 10 bis 14 Wochen vor dem Verkaufstermin sollte mit dem Antreiben begonnen werden, ein Stutzen ist nicht mehr erforderlich. Nach dem Topfen ist die Temperatur auf etwa 16 °C anzuheben, bei frühem Topftermin kann der Pflanzenbestand danach wieder kühler (10 bis 12 °C) gehalten werden. Bei spätem Topftermin wird eine Temperatur von 12 °C bis 14 °C empfohlen. Die erste Hemmstoffbehandlung erfolgt vor der Kühlung im Jungpflanzenbetrieb, eine zweite Behandlung wird zwei Wochen nach Beendigung der Kaltphase empfohlen, weitere Behandlungen sind von Sorte, Temperaturverlauf und Kulturbedingungen abhängig. Werden die Jungpflanzen nach dem Erhalt nicht sofort getopft, sondern weiter kühl gehalten, ist auf eine trockene Kulturführung zu achten, um Pilzbefall zu vermeiden. Individuelle betriebswirtschaftliche Analysen sollten zur Wirtschaftslichkeitsberechnung dieses Verfahrens genutzt werden.

Die Abbildungen 3 bis 7 auf den Seiten 26 bis 32 zeigen Kulturschemata für die oben genannten Kulturverfahren.

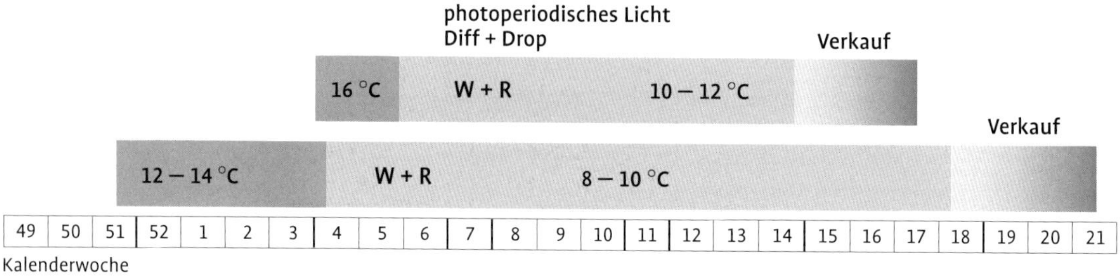

Abb. 7. Kulturschema cool&easy™.

W Einsatz von Wachstumsregulatoren
R Rücken

3.6 Klimastrategien zur Einsparung von Energie

In Kapitel 2 wurde der Einfluss der Wachstumsfaktoren auf die Entwicklung der Pflanzen dargestellt. Dabei kommt der Temperatur eine besondere Bedeutung zu. Sie kann pflanzenphysiologische Prozesse beschleunigen oder verlangsamen. In den 80er-Jahren erfolgten an der Lehr- und Versuchsanstalt für Gartenbau Hannover-Ahlem umfangreiche Untersuchungen zur effizienten Anwendung von Temperaturstrategien und Klimaregelungen zur Optimierung von Pflanzenwachstum und Energieeinsparung. Diese Ergebnisse sind die Grundlage für die heutigen Anwendungen der Temperaturführung im Zierpflanzenbau.

3.6.1 Temperatursummenregelung

In der Literatur werden erhebliche Energieeinsparpotentiale (bis zu 30 %) durch Nutzung der Sonneneinstrahlung am Tag und Absenkung der Heiztemperatur in der Nacht prognostiziert. Unter Festlegung einer bestimmten Temperatursumme, die innerhalb von 24 Stunden erreicht werden muss, kann auf diese Weise in der Tat Energie eingespart werden. Dieses Einsparpotential erhöht sich erheblich, wenn die Temperatursumme nicht nur für 24 Stunden, sondern für mehrere Tage festgeschrieben wird. Dadurch kann über einen längeren Zeitraum die Temperatur ausgeglichen werden. An strahlungsreichen Tagen wird Temperatur summiert, die an trüben Tagen „verrechnet" wird. Diese mehrtägigen Integrationsmodelle sind jedoch bisher nur selten angewendet worden. Noch ist für die wenigsten Pflanzenarten bekannt, über welchen Zeitraum es möglich ist, die Temperatur zu integrieren.

Unter der Annahme, dass die Temperatursumme einen wesentlichen Einfluss auf die Kulturdauer hat, kann die durch Sonneneinstrahlung erzielte höhere Temperatur am Tage genutzt werden, um Heizenergie in der Nacht einzusparen. Dabei sind sowohl für den Tag als auch für die Nacht Grenzwerte bei der Temperatur festzulegen. Erfahrungen an der Lehr- und Versuchsanstalt Gartenbau Erfurt machen die Grenzen dieser Temperaturregelung deutlich. Temperaturen > 24 °C sollten selbst bei wärmeliebenden Pflanzenarten, wie bei der *Impatiens* Cultivars-Neuguinea-Gruppe, nicht über einen längeren Zeitraum zugelassen werden. Für viele Beet- und Balkonpflanzen liegt die Obergrenze tiefer. Eine Lüftungstemperatur von 23 °C soll dauerhaft nicht überschritten werden. Auch das Minimum der Nachttemperatur ist sehr stark von der Pflanzenart abhängig. In der Regel sind Nachttemperaturen < 8 °C über mehrere Nächte nicht qualitätsfördernd. Phytosanitäre Probleme sind ebenso zu erwarten wie ein verstärktes Streckungswachstum. Wie in Kapitel 2.1 auf Seite 12 ausgeführt, fördert eine große positive Differenz zwischen Tag- und Nachttemperatur das Streckungswachstum und unterdrückt die Seitentriebbildung. Das bedeutet einen erheblichen Qualitätsverlust für die meisten Beet- und Balkonpflanzen. Die theoretisch mögliche Energieeinsparung kann aber nicht als betriebswirtschaftlicher Erfolg betrachtet werden. Ein erhöhter Aufwand an Hemmstoffen (bis zu drei Behandlungen zusätzlich), der Material und vor allem Arbeitszeit erfordert, kompensiert die Ersparnisse durch den geringeren Energieverbrauch wieder.

3.6.2 Drop oder Cool Morning

Wesentlich umfangreicher untersucht und in die Praxis eingeführt ist die Anwendung von Drop (= Cool Morning) bei der Anzucht von Beet- und Balkonpflanzen. Durch eine drastische Absenkung der Temperatur in den frühen Morgenstunden (oft 1 Stunde vor Sonnenaufgang beginnend) für mehrere Stunden soll das Streckungswachstum der Pflanzen gebremst werden. Je nach Dauer der Temperaturabsenkung, der Gewächshausausstattung und der absoluten Temperatursenkung können auf diese Weise 2 bis 5 % Energie eingespart werden. Die Anwendung der Drop-Strategie führt gleichzeitig zu gedrungenen, kompakten Pflanzen. Der Einsatz von Hemmstoffen kann so reduziert werden. Bei schwach wachsenden Sorten kann auch gänzlich auf eine Behandlung mit Wachstumsregulatoren verzichtet werden. Diese Strategie hat ihre Grenzen bei entsprechenden Witterungslagen. In den Monaten April und Mai ist je nach Außentemperatur eine Absenkung der Temperatur im Gewächshaus oft nicht mehr möglich. Die Einflussnahme auf den Habitus der Pflanzen über die Drop-Strategie ist dann nicht mehr gegeben.

3.6.3 Temperaturregelung in Abhängigkeit von den klimatischen Bedingungen

Zur Minimierung der Nachteile der Temperatursummenregelung ohne Einbeziehung der Außentemperatur – verstärktes Streckungswachstum, unter bestimmten Umständen auch Kulturzeitverlängerung – wird bei dieser Regelstrategie eine Vielzahl Parameter in die Temperaturführung einbezogen. Ein wesentlicher Unterschied zur Temperatursummenstrategie besteht in der Veränderung der Regelparameter in Abhängigkeit von der Außentemperatur. An der Sächsischen Landesanstalt für Landwirtschaft, Fachbereich Gartenbau und Landespflege, Dresden-Pillnitz, wird an der Entwicklung einer „dynamischen Außentemperaturkorrektur" gearbeitet. Je nach Außentemperatur wird dabei die zulässige Differenz zur vorgegebenen Temperatursumme korrigiert. Das führt bei Beet- und Balkonpflanzen zu einer Energieeinsparung von 15 bis 18 Kilowattstunden je Nettoquadratmeter. Bei einem Heizölpreis von 40 Cent je Liter bedeutet das eine Einsparung von 56 bis 68 Cent je Nettoquadratmeter, ohne dass eine Kulturzeitverlängerung oder Qualitätsminderungen zu verzeichnen waren. Sonneneinstrahlung und Windgeschwindigkeit sind Parameter, die ebenfalls in die Klimaregelung einbezogen werden können, um Energiekosten zu minimieren und Pflanzenwachstum zu optimieren.

3.7 Klimastrategien zur Einsparung von Wachstumsregulatoren

Während die Pflanzenentwicklung vor allem durch die Tagesmitteltemperatur beeinflusst wird, ist das Streckungswachstum in hohem Maße von der Tagtemperatur abhängig. Hohe Tagtemperaturen fördern das Streckungswachstum der Internodien. Ein Absenken der Tagtemperatur kann dagegen zur Verkürzung der Internodien führen. Diese Erkenntnis hat zur Entwicklung von Temperaturregelstrategien, die an der Lehr- und Versuchsanstalt für Gartenbau Hannover-Ahlem zu praxisreifen Verfahren entwickelt wurden, geführt.

3.7.1 Diff und Drop

Die Kombination der verschiedenen Klimaregelstrategien „negativ Diff" (Heiztemperatur nachts höher als am Tag) und „Drop" (drastisches Absenken der Temperatur in den frühen Morgenstunden) kann unter bestimmten technischen Voraussetzungen sowohl zu einer Energieeinsparung als auch zu einem verminderten Einsatz von Wuchshemmstoffen führen. Wie in Kapitel 2.1 auf Seite 12 beschrieben, hat die Temperaturführung einen erheblichen Einfluss auf den Habitus der Pflanzen. So wird durch eine niedrigere Tagtemperatur das Streckungswachstum reduziert. Dieser Vorgang wird durch die schnelle Temperaturabsenkung am frühen Morgen noch verstärkt. Bedingt durch die mit zunehmender Sonneneinstrahlung steigenden Temperaturen im Frühjahr ist die Wirkung dieser Strategie nur begrenzt nutzbar. Eine verminderte Spritzhäufigkeit von Hemmstoffen kann jedoch erreicht werden. Die einzelnen Arten und Sorten reagieren sehr unterschiedlich auf diese Temperaturregelstrategie (vgl. Kap. 5).

3.7.2 Absenken der Tagesmitteltemperatur (TMT)

Die Tagesmitteltemperatur ist das 24-Stundenmittel und bestimmt Frischmasseproduktion, Blattbildungsrate und Blütenentwicklung. Für viele Arten und Sorten ist der optimale Wert, der zwischen 12 und 18 °C liegt, nicht bekannt. Zur Einsparung von Energie wird oftmals im unteren Temperaturbereich gearbeitet, zur Beschleunigung der Kultur und zur Absicherung eines festen Absatztermines ist jedoch eher ein höherer TMT-Wert zu wählen. Als allgemeine Faustregel gilt: Je niedriger die TMT, desto länger die Kulturzeit, je höher die TMT, desto kürzer die Kulturzeit. Diese allgemeine Regel kann durchaus von einigen Arten und Sorten durchbrochen werden. Aufgrund der spezifischen Wirkung von Temperatur auf Blüteninduktion und Blütenentwicklung gibt es einige Beispiele, die entgegengesetzt zur allgemeinen Regel reagieren (z. B. einzelne *Osteospermum*- oder *Argyranthemum*-Sorten). Die optimale TMT muss für jede Sorte bestimmt werden. Eine gravierende Kulturzeitverlängerung bei zu niedriger Temperatur führt in der Gesamtabrechnung eher zu einer Negativbilanz. Zu hohe Temperaturen beschleunigen zwar die Entwicklung und verkürzen die Kulturzeit, erfordern häufig jedoch einen höheren Hemmstoffeinsatz, um die erforderliche Qualität zu garantieren.

3.8 Verkürzung der Kulturzeit

Eine kurze Kulturdauer kann unter bestimmten Voraussetzungen zu einer kostengünstigen Produktion führen. Tageslänge, Sonnenscheinstunden und/oder Außentemperatur sind maßgebliche Faktoren für die Produktionskosten. Bei Kulturbeginn im April sind daher deutlich kürzere und kostengünstigere Kulturverfahren möglich als bei Beginn im Januar. Nur ermöglicht ein Topftermin nach Mitte März auch bei den „schnellsten" Sorten keinen Verkauf von Beet- und Balkonpflanzen Ende April.

3.8.1 Einsatz von Licht zur Verfrühung der Blüte

Für viele indirekt absetzende Betriebe ist der frühe Verkaufstermin Voraussetzung für einen sicheren Absatz. Durch die kurzen und lichtarmen Tage im Januar und Februar kommen aber viele Beet- und Balkonpflanzen ohne zusätzliches Licht nicht rechtzeitig zur Blüte. Mancher Sorte fehlt auch durch das geringere vegetative Wachstum der ansprechende Habitus. Assimilationslicht kann dieses Defizit bei vielen Sorten ausgleichen, aber nicht alle Sorten sind für so einen frühen Verkaufstermin geeignet. Viel Erfahrung in der Kulturführung und gute Sortenkenntnis sind deshalb für eine sichere Produktion Voraussetzung.

Langjährige Versuche an den Lehr- und Versuchsanstalten Hannover-Ahlem und Erfurt haben gezeigt, dass für viele Arten aus dem Bereich der Beet- und Balkonpflanzen zur Verfrühung der Blüte der Einsatz von photoperiodischem Licht ausreichend ist. Durch eine Tagverlängerung auf 16 Stunden ist es möglich, die Kulturdauer um Tage oder Wochen zu verkürzen. Die Tabelle 9 und die Grafiken 8 und 9 zeigen einige Beispiele. In Tabelle 9 wird außerdem dargestellt, welchen Einfluss Assimilationslicht im Vergleich zu photoperiodischem Licht auf unterschiedliche Gattungen hat. Diese Empfehlungsliste macht einerseits die unterschiedlichen Ansprüche der einzelnen Sorten deutlich, zeigt andererseits aber auch, dass für viele Sorten der Einsatz von photoperiodischem Licht effizienter ist. Zu beachten bleibt, dass sich viele *Diascia*- oder *Sutera*-Sorten zwar sehr gut verfrühen lassen, wegen ihrer kurzen Kulturzeit diese Kulturmaßnahme jedoch nicht erforderlich ist.

In der Regel wird mit einer Zeitspanne von sechs bis acht Wochen von der Induktion bis zum Blühbeginn gerechnet. Somit muss bei einem geplanten Verkaufstermin Mitte April ab Mitte Februar bis Ende März belichtet werden.

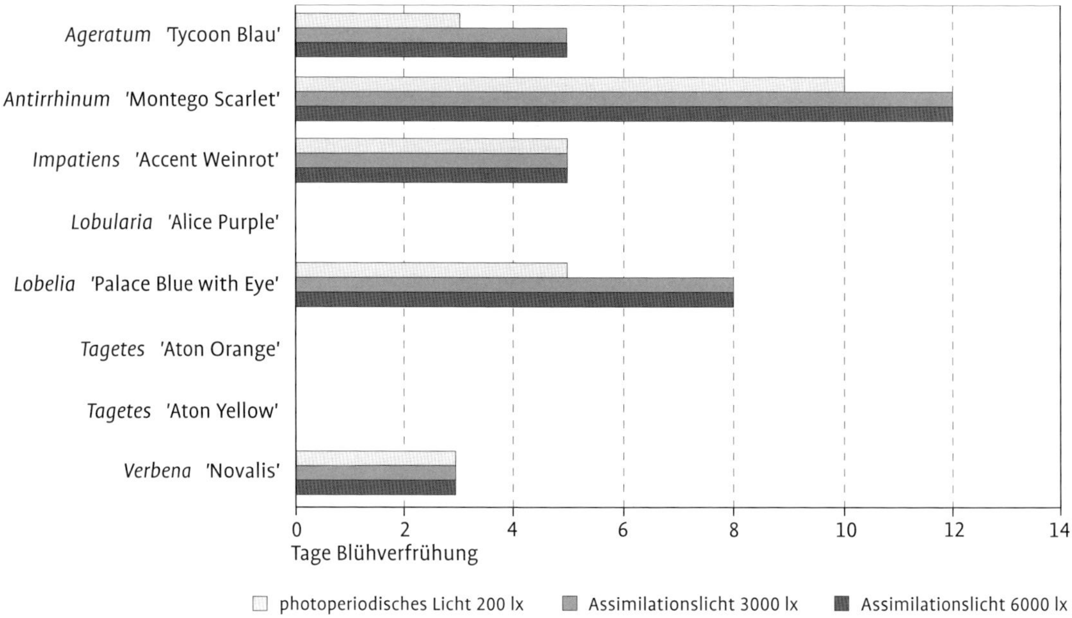

Abb. 8. Einfluss von unterschiedlichen Beleuchtungsstärken auf die Blühverfrühung bei ausgewählten generativen Sorten.

Nur wenige Beet- und Balkonpflanzen sind obligate Langtagpflanzen, trotzdem kann die Blüte durch ein entsprechendes Lichtangebot verfrüht werden. Ein klassisches Beispiel für eine obligate Langtagpflanze sind viele Fuchsiensorten. Durch Tagverlängerung oder Störlicht (Nachtunterbrechung) können auch Fuchsien im März zur Blüte gebracht werden. Bei obligaten Langtagpflanzen ist auf die Überschreitung der kritischen Tageslänge bei der Anwendung von Zusatzlicht zu achten.

3.8.2 Sortenwahl

Bei guter Sortenkenntnis kann durch die Auswahl früh blühender Sorten die Kulturzeit erheblich verkürzt werden. Dabei sind Einsparungen von mehreren Wochen möglich. Einige Gattungen mit einer großen Sortenvielfalt ermöglichen allein durch die Sortenwahl, bei einheitlichem Topftermin, einen Verkaufszeitraum von mehreren Wochen. Zum anderen sind bei Gattungen wie *Sutera* oder *Diascia* fast alle Sorten für eine Kurzkultur geeignet.

3.8.3 Verlagerung der Verkaufssaison bis Juni

Für einige Verwendungszwecke von Beet- und Balkonpflanzen ist es notwendig, auch Ende Mai/Anfang Juni noch qualitativ gute Ware anbieten zu können. Die Wechselbepflanzung auf dem Friedhof oder auch bei Gartenschauen erfolgt in der Regel erst nach der eigentlichen Verkaufssaison von Beet- und Balkonpflanzen. Nicht verkaufte überständige Ware ist für diesen Verwendungszweck nicht geeignet. Möglich sind späte Topftermine zwischen Woche 11 und Woche 18 mit einer teilweisen oder vollständigen Kulturführung im Freiland. In der Regel kann, je nach Region, ab Woche 16 oder Woche 17, bei Verwendung einer Vliesabdeckung, mit dem Aufstellen im Freiland begonnen werden. Bei hohen Außentemperaturen im April/Mai/Juni ist im Gewächshaus weder durch gutes Lüften noch durch andere Kulturmaßnahmen die Qualität der Pflanzen zu erhalten. Durch die Freilandeinflüsse (Strahlung und Temperatur) bleiben die Pflanzen jedoch bis in den Juni kompakt. Auf ausreichende Ernährung ist zu achten. Containerflächen,

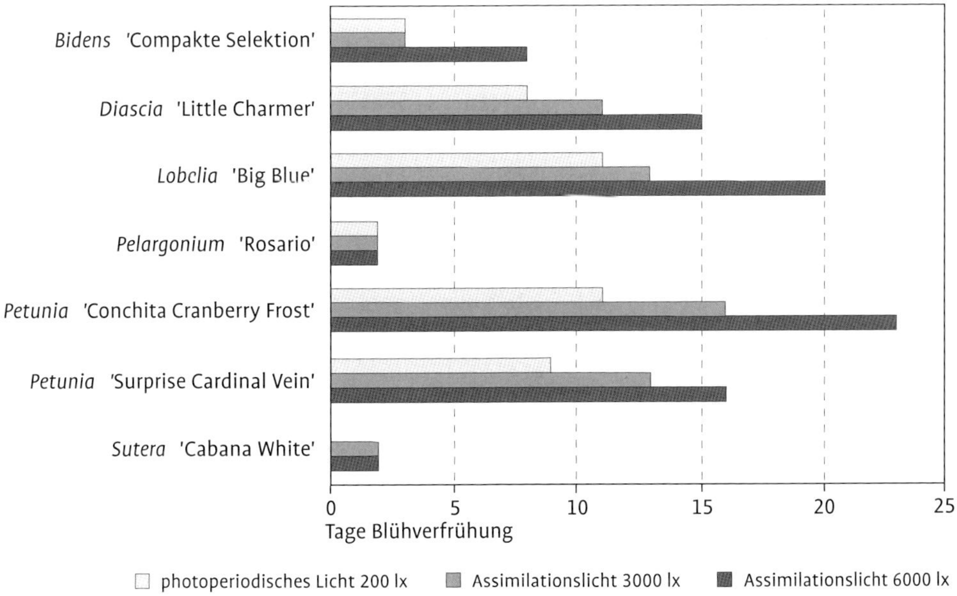

Abb. 9. Einfluss von unterschiedlichen Beleuchtungsstärken auf die Blühverfrühung bei ausgewählten vegetativen Sorten.

die im Herbst für Freilandchrysanthemen genutzt werden, finden so eine zusätzliche Auslastung.

3.9 Produktion von Sonderformen

Sonderformen stellen eine willkommene Bereicherung des Angebotes dar und sind für viele Produzenten eine gute Ergänzung zum Standardsortiment. Gerade die Produktion von Ampeln kann bei entsprechenden Installationen im Gewächshaus zur Flächenauslastung beitragen.

3.9.1 Ampeln

Um ab Ende April gut blühende Ampeln verkaufen zu können, muss rechtzeitig mit der Produktion in großen Gefäßen begonnen werden. Empfehlenswert ist es, bei ausreichend vorhandenen Aufhängungsmöglichkeiten bereits im Januar oder Februar mit dem Pflanzen in Ampelgefäße zu beginnen. Für den Endverbraucher sind Ampelgefäße < 25 cm Durchmesser nur unzureichend zu versorgen. Diese kleinen Gefäße trocknen zu schnell aus, zumal sich ab Juli aufgrund der starken Wurzelentwicklung kaum noch Substrat im Ampelgefäß befindet. Bei 25 bis 30 cm Durchmesser können, je nach Pflanzenart, drei bis fünf Pflanzen pro Gefäß gepflanzt werden. Die Pflanzen werden unmittelbar vor oder nach dem Pflanzen entspitzt. Eine Vorkultur in einem größeren Zwischentopf ist nicht unbedingt erforderlich. Tropfbewässerung mit gleichzeitiger kontinuierlicher Düngung fördert das Wachstum. Zu beachten ist der Wasser- und Nährstoffbedarf der einzelnen Arten.

3.9.2 Hochstämmchen

Hochstämme erfreuen sich in den letzten Jahren immer größerer Beliebtheit. Aber nicht alle Pflanzen eignen sich für diese Sonderform. Lantanen, *Argyranthemum* oder Pelargonien werden regelmäßig angeboten, auch *Lycianthes* und Fuchsien können als Hochstämmchen angeboten werden. Je nach Pflanzenart und gewünschter Stammhöhe beträgt die Kulturdauer fünf bis zehn Monate. Es sind eher stark

Tab. 9. Einfluss von Licht auf Pflanzenwuchs und Blühverfrühung

Gattung	Sorte	Topftermin	Stauchen	Zusatzlicht erforderlich für Verbesserung des Habitus	Zusatzlicht erforderlich für Verfrühung der Blüte
Ageratum houstonianum	'Tycoon Blau'	Woche 4 bis 6	1 × mit Topflor 0,08 %	ja Langtag	nicht erforderlich
Antirrhinum majus	'Montego Scarlet'	Woche 3 bis 5	2 × mit Topflor 0,05 bis 0,08 %	ja Langtag	ja Langtag
Bidens ferulifolia	'Compakte Selektion'	Woche 3 bis 5	2 × mit Topflor 0,05 bis 0,08 %	nicht erforderlich	ja Assimilationslicht 6000 lx
Diascia Cultivars	'Little Charmer'	Woche 4 bis 6	1 × mit Topflor 0,08 %	nicht erforderlich	nicht erforderlich
Impatiens walleriana	'Accent Weinrot'	Woche 4 bis 6	2 × mit Topflor 0,05 bis 0,08 %	ja Langtag	ja Langtag
Lobelia erinus	'Big Blue'	Woche 3 bis 4	mindestens 2 × mit Topflor 0,05 bis 0,08 %	ja Assimilationslicht 3000 lx	ja Assimilationslicht 3000 lx
Lobelia erinus	'Palace Blue with Eye'	Woche 1 bis 3	1 × mit Topflor 0,08 %	ja Langtag	ja Langtag
Lobularia maritima	'Alice Purple'	Woche 4 Aussaat direkt in Topf	keine Behandlung	nicht erforderlich	nicht erforderlich
Pelargonium zonale	'Rosario'	Woche 4 bis 6	mindestens 2 × mit Topflor 0,05 bis 0,08 %	nicht erforderlich	nicht erforderlich
Petunia Cultivars	'Conchita Cranberry Frost'	Woche 3 bis 5	mindestens 2 × mit Topflor 0,05 bis 0,08 %	ja Assimilationslicht 3000 lx	ja Assimilationslicht 3000 lx
Petunia Cultivars	'Surprise Cardinal Vein'	Woche 3 bis 5	mindestens 2 × mit Topflor 0,05 bis 0,08 %	ja Langtag	ja Assimilationslicht 3000 lx
Sutera diffusus	'Cabana White'	Woche 6 bis 8	1 × mit Topflor 0,08 %	nicht erforderlich	nicht erforderlich
Tagetes patula	'Aton Orange'	Woche 6 bis 8	1 × mit Topflor 0,08 %	nicht erforderlich	nicht erforderlich
Tagetes patula	'Aton Yellow'	Woche 6 bis 8	1 × mit Topflor 0,08 %	nicht erforderlich	nicht erforderlich
Verbena tenera	'Novalis'	Woche 1 bis 3	2 × mit Topflor 0,05 bis 0,08 %	ja Langtag	nicht erforderlich

wachsende Sorten auszuwählen. Nur so können einerseits das nötige Streckungswachstum und andererseits eine kompakte Krone erzielt werden.

Die Produktion beginnt im August/September mit dem Topfen von Jungpflanzen. Durch hohe Tag- und deutlich niedrigere Nachttemperaturen kann das Streckungswachstum gefördert werden. Nach Durchwurzeln des Kulturgefäßes (3-l- bis 5-l-Topf) erfolgt eine Gibberellinbehandlung (GA_3) zur zusätzlichen Streckung. Die Pflanzen sollen bei 20 °C und mindestens 50 klx tropfnass gespritzt werden. Bei einem Wirkstoffgehalt von 70 % beträgt die Anwendungskonzentration 0,01 %. Sollten Mehrfachbehandlungen erforderlich sein, werden ab der zweiten Spritzung nur noch die Vegetationskegel behandelt. Die Seitentriebe und Blätter am unteren Teil des Stängels sind zu entfernen. Zur Stabilisierung sollten die Pflanzen gestäbt werden. Die Anwendung von Gibberellin fördert jedoch die Verholzung der Stängel nicht. Die Gibberellinbehandlung ist möglichst auf ein bis maximal zwei Spritzungen zu beschränken. Nach Erreichen der gewünschten Pflanzenhöhe wird entspitzt, um mit der Entwicklung des Kronenaufbaus zu beginnen. Durch mehrfaches Stutzen und die Anwendung von Wuchshemmstoffen kann bis zum Verkauf im Mai eine kompakte Krone gebildet werden. In den lichtarmen Monaten ist eine Temperatur um 12 °C ausreichend. Ab März, mit Beginn der Wachstumsperiode, kann die Temperatur wieder auf 16 bis 18 °C angehoben werden.

3.9.3 Pyramiden

Der Produktionsablauf für Pyramiden ist dem der Hochstämmchen sehr ähnlich. Durch größere Kulturgefäße und üppigen Wuchs ist ein höherer Platzbedarf einzuplanen. Auch die Gerüstbildung muss gut vorbereitet sein, um ausreichende Stabilität zu gewährleisten. Das Entfernen von Seitentrieben und Blättern sowie die Hemmstoffbehandlung entfallen. Bei guter Sortenwahl und richtiger Temperaturstrategie kann auch auf die Gibberellinbehandlung verzichtet werden (vgl. Kap. 5).

4 Marketing

„Eine moderne und erfolgreiche Unternehmensführung erfordert eine durchdachte und praktizierbare Marketingstrategie ...“. Dieser Satz von Prof. Dr. HARRY SCHRÖDER aus dem Jahr 1990 hat an Aktualität nichts verloren. Dabei liegt der Schwerpunkt auf „durchdacht“ und „praktizierbar“. Nicht jede kurzfristige Idee ist schon eine Marketingstrategie. Ein schnelles „Strohfeuer“ hinterlässt einen großen schwarzen Fleck! Auf nachhaltige Wirkungen kommt es an, das heißt aber nicht, an Altbewährtem ewig festzuhalten.

Marketing ist kein Selbstläufer. Marketing erfordert eingehende Recherche, exakte Analyse und gezielte Umsetzung sowie eine dauerhafte Kontrolle und Bearbeitung. Viele gute Konzepte sterben bereits vor der Umsetzung, weil man meint, dass die Zeit für die Realisierung fehlt. Marketing kann nicht die Aufgabe eines Einzelkämpfers sein. Marketing funktioniert nur, wenn alle Mitarbeiter, entsprechend ihrer Aufgaben im Betrieb, einbezogen werden. Ein gutes Marketingkonzept kann Kräfte mobilisieren, ein schlecht kommuniziertes Konzept kann den Erfolg verhindern.

Der Absatzweg bestimmt die Marketingstrategie. Während beim indirekten Absatz die Handelspartner Ansprechpartner für gezielte Marketingmaßnahmen sind, muss beim direkten Absatz der Endverbraucher angesprochen werden. Viele Betriebe betreiben einen Absatzmix, indem sie sowohl über den Großmarkt indirekt einen Teil ihrer Produkte absetzen als auch direkt durch den eigenen Verkauf den unmittelbaren Kontakt zum Kunden pflegen.

Abb. 10. Marketingplanung – von der Informationsbeschaffung bis zur Entscheidung und Realisierung (nach BAHNMÜLLER et al. 2003, verändert).

Marketingplanung

Analysephase	• systematische Gewinnung von Marktdaten • Analyse der Marktsituation und Prognose der zukünftigen Entwicklung
Planungsphase	• systematische Nutzbarmachung vorliegender Marktdaten • systematische Nutzbarmachung unternehmensinterner Daten • Festlegen der Marketingziele • Formulierung der Marketingstrategie • Planung der absatzpolitischen Maßnahmen
Durchführungsphase	• Durchführung der Marketingmaßnahme
Kontrollphase	• Kontrolle der Marketingergebnisse

4.1 Grundsätze und Möglichkeiten des Marketings

Marketingmaßnahmen bedürfen der gezielten und gründlichen Vorbereitung. Dafür ist es erforderlich, vorhandene Daten von Marktforschungsinstituten, Marketingagenturen sowie regionale Statistiken zu analysieren und eigene Daten zu erheben und auszuwerten. Fragen wie – was wird wann, von wem benötigt, wer bietet was für welchen Preis an, wer ist meine Zielgruppe, wie und womit kann ich diese Zielgruppe erreichen, was sind meine Stärken in Produktion und Dienstleistung – stehen am Anfang einer jeden Maßnahme.

Die Abbildung 10 stellt schematisch den Ablauf von der Informationsbeschaffung bis zur Durchführung und Kontrolle einer solchen Maßnahme dar.

Die Marktforschung für den Gartenbau wird von den beiden Institutionen Centrale Marketinggesellschaft der deutschen Agrarwirtschaft mbH (CMA) und Zentrale Markt- und Preisberichtstelle GmbH (ZMP) durchgeführt oder beauftragt. Die Ergebnisse dieser Arbeiten werden leider von den einzelnen Gartenbaubetrieben zu wenig wahrgenommen und genutzt. Die Daten dieser Einrichtungen sind eine solide Grundlage für jede langfristige Marketingplanung. Käuferverhalten, Preisentwicklung, Trends in der Sortimentsentwicklung u. a. sind aus diesen Materialien zu entnehmen und für die eigene Marketingstrategie zu nutzen. Diese Datenanalyse in Verbindung mit eigenen Daten ermöglicht es, eine gezielte und langfristige Marketingstrategie zu entwickeln. Die Erfassung von eigenen Daten zur betriebswirtschaftlichen Bewertung ist ebenso wichtig, wie die Führung einer Kundenkartei. Dabei ist nicht nur von Bedeutung, wer Kunde ist, sondern was der Kunde wann kauft, wo seine Wünsche und Interessen liegen und wie seine finanzielle Situation ist. Viele Kassen- bzw. Warenwirtschaftssysteme ermöglichen heute eine weitgehende Analyse von Kundenverhalten. Diese Möglichkeiten gilt es zu nutzen, um die eigene Entwicklung zu planen. Je nach örtlicher Situation ist zu prüfen, ob ein Wachsen des Marktes realistisch ist oder ob bei der gegebenen Situation eher von einem stagnierenden Marktvolumen auszugehen ist. Zukünftig ist in den meisten Fällen eher ein stagnierender Markt zu erwarten.

Alle Marketingstrategien müssen darauf ausgerichtet sein, sich trotzdem auf dem Markt erfolgreich durchzusetzen. Als Möglichkeiten bieten sich:

- Kosten- und Preissenkung,
- Qualitätsprodukte,
- Produktdifferenzierung,
- Dienstleistung,
- Marktnischen.

Kosten- und insbesondere Preissenkung sollte für den anerkannten Fachbetrieb nicht die erste Wahl sein. Discounter und die meisten Gartenmärkte sind unschlagbar billig. Sie zu unterbieten, würde bedeuten, einen ruinösen Wettbewerb zu führen. Hier kann der Produzent von Beet- und Balkonpflanzen am Ende nur der Verlierer sein. Lange Zeit galt der Slogen „Qualität gibt es nur beim Gärtner“. Dieser Satz dürfte inzwischen auch der Vergangenheit angehören. Zwar unterscheiden sich die Produkte vom Discounter und Gärtner noch erheblich, oft bietet der Gartenmarkt aber schon qualitativ gleichwertige oder bessere Ware an als mancher Gärtner. Qualitätsprodukte zu erzeugen, sollte für jeden Gärtner, unabhängig von seiner individuellen Marketingstrategie, oberste Priorität haben. Mit einer Produktdifferenzierung ist es möglich, sich sichtbar und einprägsam von Mitbewerbern auf dem Markt abzusetzen. Der Kunde soll das Produkt, das Angebot als einzigartig empfinden. Es bleibt die Frage: „Bin ich so stark, dass ich eine eigene Marke kreieren kann, eine Marke, die der kaufkräftige Kunde als Qualitätszeichen schätzt?“ Hier ist dann nicht der Preis für den Kauf entscheidend, sondern die Qualität und die Besonderheit, die Einzigartigkeit. Für manchen Gärtner mag es Kopfschütteln bereiten, wenn Seminare, Lesungen oder kleine Konzerte in der Gärtnerei stattfinden. Aber kann das Umfeld in einem Endverkaufsbetrieb sich nicht wunderbar für derartige Veranstaltungen eignen?

Veranstaltungen dieser Art bringen neue Kunden und schaffen einen hohen Bekanntheitsgrad. Denkbar ist auch die Verbindung mit dem klassischen Dienstleistungssektor Gastronomie – ein nettes Café mitten in schönen Pflanzen, mit Blick in und auf die Gärtnerei.

Dieses Konzept lässt sich auf vielfältige Weise differenzieren und vertiefen. Es ist ein Konzept, was der momentanen Entwicklung Rechnung trägt, dass die Preissegmente niedrig- und hochpreisig wachsen, das mittlere Preissegment eher stagniert oder rückläufig ist. Unbedingt ist aber zu beachten, dass bei zunehmendem Konkurrenzdruck die Marketingkosten steigen, die durch höhere Umsätze finanziert werden müssen.

4.2 Dienstleistungen von Gartenbauunternehmen

Dienstleistungsgesellschaft – ein Schlagwort welches uns fast täglich in Politik und Gesellschaft begegnet. Kann es auch eine Idee für den Gartenbau sein? Friefhofsgärtnereien werden heute bereits in den Dienstleistungsgartenbau eingeordnet. Ihr Marktvolumen beträgt nach Schätzungen etwa 1,5 Mrd. €. Wird es zukünftig auch Endverkaufsbetriebe geben, die Dienstleister in größerem Umfang sind? Welche Dienstleistungen können angeboten werden, die Discounter und Gartenmarkt nicht anbieten? Hier ist Kreativität gefragt und ein waches Auge dafür, welche Defizite sich zukünftig in der Gesellschaft manifestieren. Pflanzen vermitteln Lebensgefühl, wecken Emotionen, schaffen Ambiente. Gartenbau kann mehr sein, als Pflanzen über den Ladentisch reichen. Die Spezialisierung auf Marktnischen kann besonders für kleinere Betriebe eine Chance sein, sich auf dem Markt zu halten, das Risiko bleibt jedoch sehr hoch. Vor allem, wenn es nur wenige Produkte oder sehr spezielle Dienstleistungen betrifft, die von Einzelnen nachgefragt werden.

Seit Neuestem versuchen Jungpflanzenunternehmen Gesamtkonzepte zu entwickeln, um so dem Handel Komplettpakete anbieten zu können. Dabei nutzen sie einerseits die Eigenschaften ihrer Produkte (Habitus, Farbe u. Ä.), andererseits verwenden sie Farbe und Design, um eine ganz bestimmte Käuferschicht zu begeistern – Emotionen zu wecken (siehe Farbtafel S. 57, Abb. 2).

4.3 Direktmarketing

Seit Jahren haben sich zentral organisierte und individuell vor Ort durchgeführte Marketingmaßnahmen für den Absatz von Beet- und Balkonpflanzen bewährt. Der Tag der offenen Gärtnerei, alljährlich vom Zentralverband Gartenbau (ZVG) Ende April/Anfang Mai organisiert, hat sich für viele Betriebe zu einem festen Marketingtermin etabliert. Dieser Tag gestattet dem Kunden einen Blick hinter die Kulissen, er sieht die Ware nicht nur auf dem Ladentisch, sondern in der Produktion, er kann aus der Vielfalt auswählen, es gibt Zeit für Gespräche und zusätzliche kulturelle Angebote geben dem Ganzen einen Eventcharakter. Steigende Teilnehmer- und Besucherzahlen zeugen von der Beliebtheit solcher Verkaufstage. Sondermärkte mit Beratung, Musik und einer breiten Palette von Beet- und Balkonpflanzen ziehen eine große Käuferklientel an. Gemeinsame Werbung aller Beteiligten minimiert die Kosten, erhöht die Effizienz und ermöglicht es, Werbemedien, die für den einzelnen Gärtner nicht bezahlbar sind, einzusetzen. Auch die CMA unterstützt diese Maßnahmen mit Großplakaten und anderen Werbematerialien.

Hilfreich für den Absatz kann auch das rechtzeitige Lesen von Hobby-Zeitschriften sein. Das kostet wenig und ist enorm wirksam. Dort werden die Saisontrends „gemacht", die Neuheiten vorgestellt, die Endverbraucher zum Kauf animiert. Gut für den, der diese Wunschartikel gut präsentiert anbieten kann. Trendforscher gehen davon aus, dass der Garten wieder wichtiger wird. Besonderheiten spielen da eine nicht zu unterschätzende Rolle. Doch das allein ist noch kein Konzept für das ganze Jahr. Emotionen ansprechen, Höhepunkte schaffen, Kundenkarten nutzen, z. B. durch Einladungen von ausgewählten Kunden (z. B. gleicher Vorname) zu einem Sonderverkaufsabend oder zu einem Kräutertag – Ideen gibt es viele, es sind nur die richtigen für die jeweilige Situation auszuwählen. Die Kunden müssen immer wieder auf die Gärtnerei aufmerksam werden, ohne dass es aufdringlich wird. Dazu bedarf es eines durchdachten Konzeptes und einer kritischen Analyse nach erfolgter Aktion. Nicht jede gut vorbereitete Veranstaltung ist am Ende auch von Erfolg gekrönt. Auch scheinbare Nebensächlichkeiten können die Situation negativ beeinflussen. Die abschließende Analyse hat daher den gleichen Stellenwert wie die Situationsanalyse vor Aufstellen des Marketingkonzeptes.

5 Die wichtigsten Beet- und Balkonpflanzen im Überblick

Das Sortiment bei Beet- und Balkonpflanzen umfasst eine Vielzahl Gattungen, Arten und Sorten und wird stetig größer. Im Rahmen dieses Buches ist es nicht möglich, auf alle Angebote einzugehen. Nachfolgend werden einige ausgewählte Beet-, Balkon- und Ampelpflanzen, ihre Herkunft und Kulturführung, näher beschrieben. In den vergangenen Jahren hat die Bedeutung vegetativ vermehrter Arten zugenommen. Bei vielen Gattungen sind sowohl stecklingsvermehrte als auch samenvermehrte Sorten auf dem Markt. Es wird deshalb an dieser Stelle auf die klassische Trennung zwischen vegetativ und generativ vermehrten Sorten verzichtet und die jeweilige Gattung bzw. Art insgesamt betrachtet.

5.1 *Argyranthemum frutescens*, Familie Asteraceae

5.1.1 Heimat

Zur Gattung *Argyranthemum* gehören 23 Arten, von denen nur *Argyranthemum frutescens* von besonderer Bedeutung ist. Auf den Kanarischen Inseln beheimatet, wächst sie dort als immergrüner, vieltriebiger Halbstrauch und ist unter den dortigen klimatischen Bedingungen winterfest. In Deutschland wird sie als einjährige Beetpflanze für Balkon und Terrasse oder als mediterrane Kübelpflanze, oft auch als Hochstamm, verwendet.

5.1.2 Sortiment

Die Vielfalt im Sortiment hat in den letzten zehn Jahren erheblich zugenommen. Waren lange Zeit starkwüchsige, vorwiegend weiße Sorten bestimmend, sind es nun Farbe und Blütenvielfalt. Der Wuchstyp reicht von groß und üppig wachsend bis klein, kompakt – für Kästen oder kleinere Gefäße verwendbar. Diese Vielfalt wird schon in manchen Serien sichtbar. Der Habitus der Sorten innerhalb der Serie „Daisy Crazy™" reicht von niedrig ('Strawberry Pink') bis hoch ('Bright Carmine') die Blütenfarbe von Weiß ('Summersong White') über Gelb ('Sole Mio'), Rosa ('Pink Wonder') bis Rot ('Cherry Harmony') und die Blütenform von einfach ('Summit Pink') über halb gefüllt ('Pink Wonder') und gefüllt ('Summersong Lemon') bis anemonenblütig ('Blazer Rose').

Besonders früh blühend ist die Sorte 'Weißer Star'. Eine Sorte mit sehr kleinen und einfachen Blüten (Blütendurchmesser 2,5 bis 3 cm), die sowohl auf dem Beet als auch im Kübel bis zum Oktober durch eine gute und ausdauernde Reichblütigkeit auffällt. Mit einer Pflanzenhöhe von etwa 40 cm gehört diese Sorte zu den niedriger wachsenden Sorten. Die Blütenstiele sind sehr kurz (5 cm).

Viele Sorten müssen für einen dauerhaften Blütenflor regelmäßig ausgeputzt werden. Bei 'Summer Pink', 'Daisy Crazy™ Summit Pink' und 'Molimba® Helio White' (P) ist dieser Arbeitsgang nicht erforderlich. Die Sorten wachsen so kontinuierlich und etagenmäßig, dass die abgeblühten Blüten sehr gut überwachsen werden.

Nicht alle Sorten sind für die Verwendung im Kübel und als Beetpflanze gleichermaßen geeignet. In Tabelle 10 sind einige Sorten nach ihrer zu bevorzugenden Verwendung zusammengestellt. Ausschlaggebend für eine gute Kübeleignung sind ein harmonischer Pflanzenaufbau sowie gesundes attraktives Laub. Ein sehr sparriger, ungleichmäßiger Pflanzenaufbau wird im Kübel weit stärker wahrgenommen als bei Beetbepflanzung.

Die Blühleistung ist für beide Verwendungszwecke ein wichtiges Kriterium. Leider gibt es nur ganz wenige Sorten, die den ganzen Sommer über gleichmäßig reich blühen. Die meisten Sorten erreichen ihren Höhepunkt Ende Juni/Anfang Juli. Für einen Zeitraum von etwa drei Wochen kann fast allen Sorten eine sehr gute Reichblütigkeit bescheinigt werden. Oft lässt die Reichblütigkeit dann sehr stark nach. Einzelne Sorten erreichen den ganzen Sommer über zwar keine Höchstbewertungen bei der Reichblütigkeit, blühen jedoch über einen langen Zeitraum auf hohem Niveau.

Die Sorte ‘Ping Pong’ gehört in diese Kategorie. Es ist eine anemonenblütige, weiße Sorte mit kompaktem Wuchs. Sie hat kurze Blütenstiele und etwas größeres Laub. Die verblühten Blüten müssen unbedingt entfernt werden. Dann sind die Pflanzen sowohl auf dem Beet als auch im Kübel bis zum Oktober attraktiv, auch wenn die Reichblütigkeit nicht so besonders groß ist. Die Blütengröße beträgt 3 cm.

‘Daisy Crazy™ Summit Pink’ ist einfach blühend, mit kleinen hellrosa Blüten. Besonders Anfang Juli ist diese Sorte sehr reichblütig. Der niedrige und kompakte Wuchs sowie das zarte grüne Laub sind besonders hervorzuheben. Die verblühten Blüten werden überwachsen, sodass ein Ausputzen nicht erforderlich ist.

Auffallend kleine Blüten (2 cm) hat ‘Daisy Crazy™ Blazer Rose’. Die anemonenblütigen, rosa Blüten müssen nach dem Abblühen unbedingt ausgeputzt werden, da sie den Gesamteindruck stören. Die Blütenstiele sind mit 9 cm etwas länger. Sie blüht über einen größeren Zeitraum mit hoher Reichblütigkeit und behält trotz stärkerer Wüchsigkeit (die Pflanzen werden etwa 70 cm hoch) eine schöne Wuchsform bis zum Herbst. Kaum eine andere Sorte ist über den gesamten Vegetationszeitraum so ausgeglichen in ihrem Wuchsverhalten wie ‘Daisy Crazy™ Blazer Rose’.

Mit einer Wuchshöhe von 35 cm gehört ‘Molimba® Helio White’ (P) zu den niedrigen Sorten, die eher als flach wachsend zu bezeichnen ist. Bis in den Herbst hinein sind die Pflanzen im Kübel und auf dem Beet sehr robust und gesund. Durch den gleichmäßigen Aufbau werden auch bei dieser Sorte die verblühten Blüten sehr gut überwachsen. Ein Ausputzen ist daher nicht erforderlich. Zur „Molimba®“-Serie gehören außerdem ‘Mini White’ (P), ‘Monroe White’ (P), ‘Duplo White’ (P) und ‘Maggy Pastel Yellow’ (P), die im Frühsommer üppig und gleichmäßig blüht. Der Bestand bleibt auch ohne Rückschnitt oder Ausputzen über den Sommer attraktiv. Vorzugsweise sollte diese Sorte für die Beetpflanzung verwendet werden, ebenso ‘Snowland’ (S) (siehe Farbtafel S. 57, Abb. 3).

‘Beauty White’ ist ein Dauerblüher und besonders für die Verwendung im Kübel geeignet. Die Pflanzen werden etwa 50 cm hoch, die Blüten sind weiß, einfach und mit breiten Petalen. Zwei Farbsporte in Rosa und Gelb ergänzen die Serie.

‘Nelia’ hat große gelbe Blüten und ist sehr reich blühend. ‘Vanilla Butterfly’ (P) mit cremeweißen Blüten, die zur Mitte hellgelb werden, ist ebenfalls sehr reich blühend mit schönen, großen Blüten. Der Wuchs ist locker und grazil, verblühte Blüten müssen unbedingt ausgeputzt werden. Dadurch wird die Sorte reich blühender und attraktiver.

Demgegenüber gibt es bei ‘Courtyard Primrose Petite’ keinen Unterschied zwischen geputzten und ungeputzten Pflanzen. Die Sorte wächst flach und hat einfache große Blüten. ‘Courtyard Citronelle’ ist kompakt, mit guter Verzweigung, ebenfalls einfach blühend und hat feines, bläuliches Laub.

Die Serie ‘Madeira™’ ist ähnlich vielfältig wie ‘Daisy Crazy™’. Beispielhaft seien die Sorten ‘Madeira™ Deep Rose’ oder ‘Madeira™ Ivory’ erwähnt. Die große Einheitlichkeit und Reichblütigkeit im Juli ist beeindruckend. Eine gute Fernwirkung hat die kirschrote Farbe von ‘Madeira™ Deep Rose’.

„LaRita“ ist eine Serie mit zwei Wuchstypen, kompakt und mittelstark wachsend, in den Farben Weiß, Rosa und Gelb.

'Sassy™ White' – eine Sorte mit großen weißen Blüten und einem kompakten Wuchs. Die Sorte ist sowohl für Beet als auch für gemischte Bepflanzungen im Gefäß geeignet.

5.1.3 Kulturführung

Vermehrung
Die Vermehrung erfolgt in der Regel über Kopfstecklinge. Bezogen werden ungestutzte Jungpflanzen von Oktober bis März. Die weitere Kulturführung ist von dem gewünschten Produkt abhängig. Die Bewurzelung dauert, je nach Jahreszeit, etwa zwei Wochen. Von Oktober bis Januar sind für eine gute Wurzelentwicklung besser drei Wochen bis zum Topfen zu kalkulieren.

Substrat
Eine leicht tonhaltige (10 %ige) Topferde mit guter Strukturstabilität hat sich seit Jahren bewährt. Eine gute Wasserhaltekapazität, ausreichende Luftkapazität sowie eine gute Durchlässigkeit des Substrates sind für ein gesundes Wachstum erforderlich. Bei Verwendung von z. B. ED 73 mit Optifer zur besseren Eisenversorgung sollte rechtzeitig, anfangs mit einer leichten Düngerlösung, nachgedüngt werden.

Topfgröße
Aufgrund ihres starken Wuchses erfolgt die Produktion eher in größeren Töpfen. Topfgrößen < 10,5 cm sollten nicht verwendet werden und sind auch nur für die Kurzkultur zu empfehlen. In der Regel werden 12-cm-Töpfe verwendet, für die Kübelpflanzen- und Stämmchenproduktion auch deutlich größere (siehe Tab. 10).

Düngung
Argyranthemum zählt zu den stark zehrenden Kulturen und muss daher von Beginn an ausreichend ernährt werden. Je nach verwendetem Topfsubstrat muss ein bis zwei Wochen nach dem Topfen mit der Düngung begonnen werden. Gedüngt wird zu Beginn der Kultur mit einem ausgegli-

Tab. 10. Verwendungsmöglichkeiten ausgewählter Sorten für verschiedene Produktformen und Absatztermine bei *Argyranthemum frutescens*

Sorte	Geeignet für				Möglicher Verkaufstermin (Woche)			Topfgröße			
	Kleinpflanzen	Standardware	Büsche	Stämmchen	14/15	16/17	ab 18	10–11 cm	12–13 cm	14–16 cm	2–3 l
'Butterfly'		+	+	+			+		+	+	+
'Daisy Crazy™ White Blush'		+	+		+	+	+		+	+	+
'Maja Bofinger'				+			+				+
'Molimba® Helio White' (P)	+	+			+	+	+	+	+		
'Neptun'	+	+			+	+	+	+	+		
'Daisy Crazy™ Pink Wonder'		+	+			+	+		+	+	+
'Silverleaf'			+	+			+			+	+
'Sophia'			+	+		+	+		+	+	+
'Summer Drops'	+					+	+	+			

chenen MND (z. B. 18-10-18-2), später mit einem eher kalibetonten MND (z. B. 18-5-25-2). Bei Bewässerungsdüngung kann je nach Entwicklungsstand der Pflanzen mit einer Düngerkonzentration von 0,10 bis 0,15 % gearbeitet werden, bei wöchentlicher Düngung 0,2 bis 0,3 %. Der EC-Wert von 3 mS/cm sollte nicht dauerhaft überschritten werden, um Salzschäden zu vermeiden.

Bewässerung

Auf eine gleichmäßige gute Feuchte im Wurzelballen ist zu achten, dabei ist stauende Nässe zu vermeiden. Besonders Jungpflanzen reagieren mit gelben Blatträndern bei zu viel Nässe. Andererseits ist der Wasserbedarf recht hoch. Eine zu trockene Kulturführung kann ebenfalls sehr leicht zu Blattschäden und Wuchsdepressionen führen.

Temperatur

Zum Anwachsen sollen die Temperaturen für ein bis zwei Wochen auf 18 bis 20 °C gehalten werden. Danach sind deutlich niedrigere Temperaturen möglich. Eine Absenkung der Heiztemperatur (HT) auf 12 °C ist ohne Qualitätsverlust möglich. Die Kulturdauer wird jedoch wesentlich durch die Temperaturführung bestimmt. Eine drei- bis sechswöchige Kühlphase beschleunigt die Induktion, hohe Temperaturen können die Induktion je nach Sorte deutlich verzögern. Nach erfolgreicher Blütenbildung wird wiederum die Entwicklung der vorhandenen Knospen durch eine Temperaturerhöhung beschleunigt. Hohe Temperaturen führen aber auch zu lang gestreckten, weichen Pflanzen, die anfälliger gegenüber Krankheiten, Schädlingen und ungünstigen Umweltbedingungen, z. B. beim Transport, sind.

Licht

Viele Sorten zählen zu den quantitativen Langtagpflanzen. Volles Licht fördert die Pflanzen- und Blütenentwicklung. Bei einem gewünschten Vermarktungstermin im April ist Assimilationslicht für einen guten Habitus zu empfehlen. Durch geschickte Kombination von Kurz- und Langtagbedingungen lassen sich Qualität und Kulturdauer gut steuern. Bei Kurztag werden verstärkt Seitentriebe angelegt, die durch Langtag in ihrer Entwicklung beschleunigt werden können. Der Langtag sollte 14 bis 16 Stunden betragen und, je nach Sorte, vier bis sechs Wochen nach dem Stutzen einsetzen. Langtag kann auch als Störlicht gegeben werden. Zu Beginn der Kultur herrscht in unseren Breitengraden noch natürlicher Kurztag, eine Qualitätsverbesserung durch Assimilationslicht für vier bis sechs Wochen, einsetzend nach dem Stutzen, ist in dieser Entwicklungsphase möglich. Die einzelnen Sorten reagieren sehr unterschiedlich auf die verschiedenen Kulturverfahren.

Schattiert werden sollte nur kurz nach dem Topfen und später bei sehr intensiver Sonneneinstrahlung, um die Verdunstungsrate zu reduzieren.

Stutzen

Gestutzt wird in der Regel einmalig nach dem Topfen und Anwachsen. Bei sehr stark wachsenden Sorten kann auch bereits vor dem Topfen in der Palette gestutzt werden. Nach dem Stutzen sollte dann jedoch sofort getopft werden, um Wachstumsstockungen zu vermeiden. Sehr kompakt wachsende Sorten können bei kühler Kulturführung auch ohne Stutzen kultiviert werden (siehe Tab. 11).

Wachstumsregulatoren

Die Hemmung des Streckungswachstums ist bei fast allen Sorten erforderlich. Durch die Temperaturstrategien negativ Diff und Drop kann der Einsatz von Hemmstoffen jedoch reduziert werden. Bei kompakt wachsenden Sorten, wie 'Polly' oder 'Molimba® Helio White' (P), ist eine Behandlung ausreichend, andere Sorten, z. B. 'Butterfly', benötigen wegen des stärkeren Wuchses Mehrfachbehandlungen. Die Anzahl der erforderlichen Anwendungen ist in erheblichem Maße von der Temperaturführung abhängig (siehe Tab. 11). Je niedriger die Kulturtemperatur ist, desto geringer wird der Bedarf an Wuchshemmstof-

Tab. 11. Sortenspezifische Kulturführung bzw. -maßnahmen bei *Argyranthemum frutescens* (Beispiele)

Sorte	Kulturmaßnahme	Wachstumsregler	Geeignete Tagesmitteltemperatur (TMT) für die Produktion in °C			
			12	14	16	18
'Daisy Crazy™ Bright Carmine'	Stutzen		ja	ja	ja	ja
	Hemmstoffbehandlung	ohne	nicht möglich	nicht möglich	nicht möglich	nicht möglich
		Topflor	geringer Bedarf	geringer Bedarf	mittlerer Bedarf	hoher Bedarf
		CCC 720	geringer Bedarf	geringer Bedarf	mittlerer Bedarf	hoher Bedarf
		Caramba	zu geringe Wirkung			
		Regalis®	geringer Bedarf	geringer Bedarf	mittlerer Bedarf	hoher Bedarf
	negativ Diff und Drop			ja	ja	nur Drop*)
'Molimba® Duplo White' (P)	Stutzen		nein	nein	nein	ja
	Hemmstoffbehandlung	ohne	ja	ja	ja	nein
		Topflor	nein	nein	nein	geringer Bedarf
		CCC 720	nein	nein	nein	geringer Bedarf
		Caramba	nein	nein	nein	nein
		Regalis®	nein	nein	nein	geringer Bedarf
	negativ Diff und Drop			ja	ja	nur Drop*)

*) bei 18 °C TMT negativ Diff aus energetischen/wirtschaftlichen Erwägungen nicht zu empfehlen, aus pflanzenbaulicher Sicht möglich

fen. Die Behandlung sollte bei einer Austriebslänge von 2 bis 3 cm beginnen, die Kombination verschiedener Hemmstoffe ist möglich. Eine erste Behandlung kann beispielsweise mit CCC 720 0,15 %, gefolgt von einer späteren mit Topflor 0,1 %, erfolgen. Auch Regalis® (0,25 %) zeigt bei *Argyranthemum* eine gute hemmende Wirkung. Caramba (0,1 bis 0,2 %) eignet sich für den Einsatz bei *Argyranthemum* weniger. Die Konzentration von 0,1 % erwies sich als zu gering, bei höheren Anwendungskonzentrationen wird immer wieder auf mögliche Blattschäden hingewiesen. Auch CCC 720 kann vorübergehend zu gelben Blatträndern führen. Eine Gießbehandlung mit CCC ist nicht mehr zulässig.

Platzbedarf

Topf an Topf können die Pflanzen nur kurzzeitig bis maximal zwei Wochen nach dem Stutzen stehen. Ein frühzeitiges Rücken ist für einen guten Seitenaustrieb unerlässlich. Je nach Sorte sollten nicht mehr als 35 Pflanzen/m² bei 11-cm-Töpfen und 20 Pflanzen/m² bei 13-cm-Töpfen aufgestellt werden.

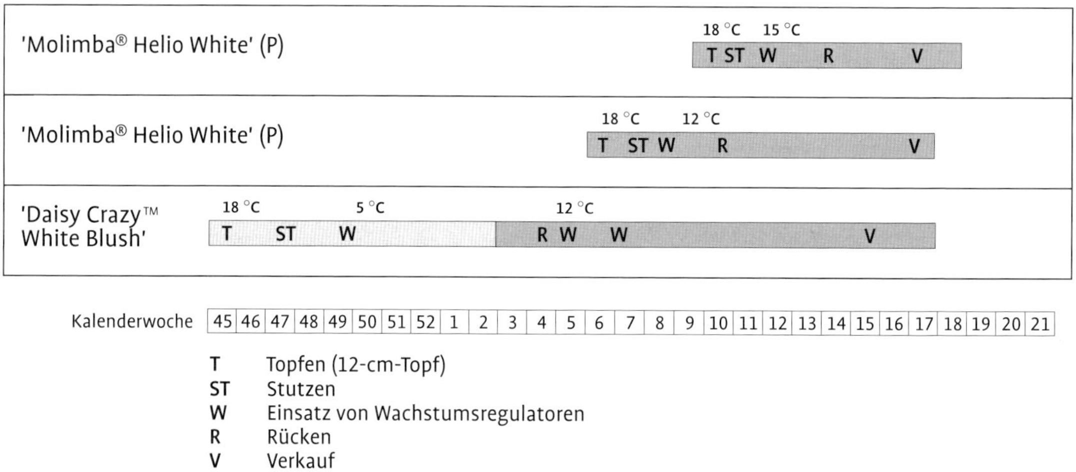

Abb. 11. Kulturschema *Argyranthemum frutescens* (Beispiele).

Produktform

Argyranthemum werden in sehr vielfältigen Größen und Formen angeboten. Neben der kleinen blühenden Ware im 11-cm-Topf wird der überwiegende Anteil sicher im 13- bis 16-cm-Topf verkauft. Zunehmend werden in den letzten Jahren Hochstämmchen vermarktet (siehe Abb. 11).

Kulturdauer

Die Kulturdauer hängt neben der Sorte in sehr starkem Maße von der gewünschten Angebotsform ab. Auch bei *Argyranthemum* ist eine Kurzkultur ab Woche 9 mit Blüte ab Woche 18 möglich. Bei Kaltkultur mit Topftermin in Woche 45 wird ein Blühbeginn ab Woche 14 angestrebt. Durch Temperaturführung und/oder Zusatzlicht lässt sich die Kulturdauer gut beeinflussen.

Pflanzenschutz

Minierfliegen, Blattläuse und Weiße Fliegen sind häufig auftretende Schädlinge. Eine regelmäßige Kontrolle der Bestände ist erforderlich. Das Aufhängen von Gelbtafeln ist zu empfehlen. Bei ersten Anzeichen von Minierfliegenbefall ist sofort eine Behandlung durchzuführen (siehe Tab. 12). 'Butterfly' sowie einige andere gelbe Sorten sind anfällig für Falschen Mehltau. Bei zu nasser Kulturführung und hohen N-Gaben kann außerdem leicht *Rhizoctonia* auftreten. Auf rechtzeitige Behandlung ist zu achten (siehe Tab. 12) und die aktuelle Zulassungssituation grundsätzlich zu berücksichtigen.

5.2 *Begonia*, Familie Begoniaceae

5.2.1 Heimat

Die Gattung *Begonia* ist sehr artenreich, es sind heute etwa 800 Arten bekannt. Begonien sind Bewohner tropischer und subtropischer Gebiete Afrikas, Amerikas und Asiens. Die meisten heute bekannten Arten sind in Mittel- und Südamerika beheimatet. Als wärme- und feuchtigkeitsliebende Gewächse gehören sie zur krautigen Bodenflora des tropischen Regenwaldes. Es leben auch einige Arten epiphytisch. In bewaldeten Hochlagen sind knollenbildende Arten zu Hause. Den unterschiedlichen Umweltbedingungen der natürlichen Standorte entsprechend, weisen sie mannigfaltige Unterschiede im Erscheinungsbild und in der Lebensweise auf. Krautige Pflanzen (oftmals Knollen oder Rhizome bildende Stauden), Halbsträucher und Sträucher sind vertreten. So gibt es Arten mit aufrechtem, krie-

Tab. 12. Pflanzenschutz bei *Argyranthemum frutescens*

Schadensursache	Schadbild	Behandlungsmöglichkeit Präparat*)	Wirkstoff	Bemerkungen
Tierische Schaderreger				
Minierfliege (*Phytomyza*-Arten und *Liriomyca*-Arten)	kleine gelbe Einstichstellen in den Blättern, später auch helle Fraßgänge sichtbar	Vertimec®	Abamectin	Fraß- und Kontaktwirkung, Tiefenwirkung
		NeemAzal-T/S®	Azadirachtin Neem	Fraß- und Kontaktwirkung, systemisch
		Schlupfwespen (*Dacnusa sibirica*)		
				erste befallene Blätter sofort entfernen, Unkraut entfernen
Blattläuse	verkrüppelte junge Blätter in den Triebspitzen	Calypso®	Thiacloprid	systemische Wirkung
		Pirimor®-Granulat	Pirimicarb	Kontaktwirkung
		Plenum® 50 WG	Pymetrozin	Fraß- und Kontaktwirkung, systemisch
Spinnmilben	Blätter mit hellen Sprenkelungen, später braun werdend	Apollo	Clofentezin	gegen Eier
		Kanemite	Acequinocyl	gegen Adulte
		Ordoval	Hexythiazox	gegen Eier, Larven, Nymphen
Thripse	helle Einstichstellen an den Blättern	Vertimec®	Abamectin	Fraß- und Kontaktwirkung, Tiefenwirkung
		Mesurol flüssig	Methiocarb	Fraß- und Kontaktwirkung, systemisch
				Blautafeln nutzen
Weiße Fliege	an Blattunterseite Eiablagen und Larvenstadien	Nomolt	Teflubenzuron	alle Fraß- und Kontaktwirkung
		Plenum® 50 WG	Pymetrozin	
		Vertimec®	Abamectin	
				Gelbtafeln nutzen
Pilzliche Erreger				
Falscher Mehltau	einzelne Blätter vergilben, an Blattunterseite grauer Belag	Acrobat Plus® WG	Mancozeb + Dimethomorph	protektive Wirkung
		Dithane Neo Tec®	Mancozeb	Kontaktwirkung
		Dithane® Ultra WP	Mancozeb	Kontaktwirkung
		Polyram® WG	Metiram	Kontaktwirkung
				auf ausreichende Luftzirkulation achten, Luftfeuchtigkeit senken

Tab. 12. Pflanzenschutz bei *Argyranthemum frutescens* (Fortsetzung)				
Schadensursache	**Schadbild**	**Behandlungsmöglichkeit** **Präparat*)**	**Wirkstoff**	**Bemerkungen**
Wurzelfäule (*Pythium*)	Faulen der Wurzeln, mattgrüne Blattfärbung	Previcur® N Fonganil Gold	Proparmocarb Metalaxyl-M	beide systemische Wirkung
Stängelgrundfäule (*Phytophthora*)	dunkle Verfärbung am Stängelgrund	Aliette®WG	Fosetyl	systemische Wirkung Hygienemaßnahmen beachten, befallene Pflanzen entfernen, trockener kultivieren

*) vor Anwendung von Pflanzenschutzmitteln immer Zulassungssituation prüfen und die Mittel auf Pflanzenverträglichkeit testen

chendem, hängendem und auch kletterndem Wuchs.

5.2.2 *Begonia* Semperflorens-Cultorum-Gruppe

Die Abstammung dieser Gruppe wird auf die in Brasilien beheimatete *B. semperflorens* zurückgeführt, die heute als *B. cucullata* var. *hookeri* geführt wird. Eingekreuzt wurden später die ebenfalls aus Brasilien stammende *B. schmidtiana* und *B. lyncheana* aus Peru. Heute bestimmen F_1-Hybriden das Sortiment.

5.2.2.1 Sortiment

Die Sorten der *Begonia* Semperflorens-Cultorum-Gruppe haben für die Beetbepflanzung auf dem Friedhof, im öffentlichen Grün und für Ausstellungsflächen eine große Bedeutung. Das Sortiment wird in grünlaubige und dunkellaubige Sorten eingeteilt. Außerdem gibt es die sogenannten Park-Begonien, die starkwüchsiger sind, größeres Laub haben und im Laufe der Vegetation deutlich höher werden. Im Sortiment spielen heute nur noch F_1-Sorten eine Rolle. Wichtige grünlaubige Serien sind „Super Olympa®", „Juwel F_1" oder „Emperor", mit großen Blüten und frühem Blühbeginn sowie „Quick F_1", die sich besonders für Packs eignet. Bei „Ascot" und „Victory" gibt es innerhalb der Serie sowohl grünlaubige als auch dunkellaubige Sorten. Diese Sorten sind ebenfalls früh, sehr kompakt und sehr gut für die Produktion in Packs zu verwenden. Durch besondere Frühzeitigkeit zeichnen sich die Serien „Sprint" (grünlaubig) und „Nightlife" (dunkellaubig) aus. Mit sehr dunklem Laub präsentiert sich die „Cocktail"-Serie, die Sorten weisen einen runden Wuchs mit lang andauernder Blühleistung auf. Etwas kräftiger im Wuchs sind die Sorten von „Vision®", die außerdem eine hohe Hitzetoleranz besitzen. Bis zu 30 cm hoch werden F_1-'Lotto®' oder F_1-'Party', typische Sorten für die Flächengestaltung. Ergänzend dazu gibt es seit einigen Jahren die Kübelbegonien, die einen noch stärkeren Wuchs haben und bei guter Kulturführung bis 60 cm hoch werden können.

Hervorragend für Kübel sind die Kreuzungsprodukte 'Dragon Wing™'und 'Baby Wing Pink' geeignet. Etwas später in der Blüte, lassen sie sich gut auch nach der eigentlichen Beet- und Balkonpflanzensaison verkaufen. Für eine gute Verzweigung der Pflanzen ist eine Vermehrung durch Aussaat unbedingt erforderlich. Stecklinge bewurzeln zwar problemlos, der Pflanzenaufbau bleibt wegen der schlechten Seitentriebbildung jedoch sparrig.

5.2.2.2 Kulturführung

Vermehrung

Diese Gruppe der Begonien wird überwiegend generativ vermehrt. Je nach gewünschtem Absatztermin, sollte die Aussaat von Anfang Januar bis Ende Februar erfolgen. Für 1000 Pflanzen werden etwa 2000 Korn benötigt, bei Verwendung von pilliertem Saatgut ist der Bedarf deutlich reduziert. Das Saatgut darf nicht abgedeckt werden, da Begonien zu den Lichtkeimern gehören. Zur Erhöhung der Luftfeuchtigkeit kann in den ersten Tagen mit Folie abgedeckt werden, der Einsatz von Sprühnebel ist ebenfalls möglich. Die Luftfeuchtigkeit sollte in den ersten zehn Tagen etwa 95 % betragen. Mit beginnender Keimung ist die Folie umgehend zu entfernen. Nach dem Erscheinen der Keimblätter muss die Feuchtigkeit im Substrat reduziert werden, ein Austrocknen ist aber unbedingt zu vermeiden. In den ersten zehn Tagen sind hohe Temperaturen von > 20 °C hilfreich, danach ist die Temperatur auf 18 bis 20 °C abzusenken. Die Aussaat muss vor starker Sonneneinstrahlung geschützt werden, bei einem Außenwert von > 30 klx ist zu schattieren. Die Keimdauer beträgt zwei bis drei Wochen, durch eine Tagverlängerung auf > 12 Stunden kann die Entwicklung der Keimlinge beschleunigt werden. Die Aussaat erfolgt heute fast ausschließlich als Einzelkornablage in Paletten. Die Paletten- und Tray-Größe ist bei den einzelnen Anbietern sehr unterschiedlich. Von der Aussaat bis zum Topfen werden, je nach Sorte, acht bis zehn Wochen angegeben. Für viele Gartenbaubetriebe ist es wirtschaftlicher, Jungpflanzen zu beziehen und die Anzucht Spezialbetrieben zu überlassen. Die Ausfallraten sind bei guten Klimabedingungen deutlich geringer.

Substrat

Zu empfehlen ist ein lockeres, gut durchlässiges Vermehrungssubstrat auf Torfbasis. Der pH-Wert sollte zwischen 5,5 und 6,5 liegen. Im Gegensatz zu vielen anderen Begonien sind die Sorten der *Begonia* Semperflorens-Cultorum-Gruppe nicht sehr salzempfindlich, 2 g/l Substrat werden gut toleriert.

Topfgröße

Begonia Semperflorens-Cultorum-Sorten werden in Packs sowie in 9- bis 10-cm-Töpfen angeboten. Sie werden in der Regel als Beetpflanzen verwendet. Ein größerer Topf ist für diesen Verwendungszweck nicht zu empfehlen.

Düngung

Bei Verwendung von schwach bis mittelstark aufgedüngtem Topfsubstrat ist zwei Wochen nach dem Topfen mit regelmäßigen Düngergaben zu beginnen. Flüssige Nachdüngung mit einem ausgewogenen MND von 0,10 % bei wöchentlicher Düngung bzw. 0,05 % bei Bewässerungsdüngung sind in der Regel ausreichend.

Bewässerung

Eine trockenere Kulturführung vermindert das Risiko von Wurzelerkrankungen. Um Blattverbrennungen zu vermeiden, ist der Bewässerung von unten Vorrang zu geben. Bei Benetzung der Blätter muss unbedingt in den Morgenstunden bewässert werden, Blattverbrennungen sind sonst fast unvermeidlich.

Temperatur

Bis zum Einwurzeln soll nach dem Topfen die Temperatur von 18 bis 20 °C beibehalten werden. Danach ist eine langsame Absenkung auf 15 °C sinnvoll.

Licht

Die Kultur muss hell und luftig erfolgen, eine Schattierung ist nur in Ausnahmefällen vorzunehmen. Für eine frühe Blüte sind Langtagbedingungen von mindestens 12 Stunden erforderlich. Für die Verbesserung des Pflanzenaufbaus kann Assimilationslicht von 3000 lx eingesetzt werden. Wichtig ist das Abhärten der Pflanzen vor dem Verkauf.

Stutzen

Stutzen ist nicht erforderlich.

Wachstumsregulatoren

Bei sachgerechter Kulturführung ist für Topfware kein Einsatz von Wuchshemmstoffen erforderlich. Bei der Anzucht von Packs empfiehlt sich eine Behandlung mit Topflor 0,05 bis 0,10 %, die Anwendung von CCC 720 oder Caramba kann zu Blattschäden führen.

Platzbedarf

Nach dem Topfen können etwa 100 bis 120 Pflanzen/m² aufgestellt werden, im Endstand sollen es nicht mehr als 40 bis 50 Pflanzen/m² sein. Bei Rohware oder Packs stehen deutlich mehr Pflanzen auf der Fläche.

Kulturdauer

Von der Aussaat bis zum Verkauf ist mit 12 bis 16 Wochen zu kalkulieren. Bei der Verwendung von Jungpflanzen reduziert sich die Kulturzeit auf sechs bis acht Wochen (siehe Abb. 12).

Pflanzenschutz

Bei Einhaltung von Hygienemaßnahmen (Desinfektion von Tischfläche, Gefäßen und Substrat) gibt es wenige Probleme bei der Gesunderhaltung von Sorten der *Begonia* Semperflorens-Cultorum-Gruppe. Bei zu nasser Kulturführung in der Vermehrung können *Pythium* und *Rhizoctonia* auftreten. Außerdem ist auf den Befall von Thripsen und Trauermücken besonders zu achten. Blau- und Gelbtafeln geben einen sicheren Hinweis auf notwendige Behandlungsmaßnahmen (siehe Tab. 13).

5.2.3 *Begonia* Tuberhybrida-Gruppe (Knollenbegonien)

Knollenbegonien gehören zu den krautigen, knollenbildenden Gewächsen mit leicht sukkulenten Stängeln. Unsere heutigen Sorten sind durch lange züchterische Bearbeitung entstanden. Es war eine Vielzahl von Arten beteiligt, die zum größten Teil aus Bolivien und Peru stammen. Der Firma Benary verdanken wir die Entwicklung der F_1-Hybriden, die eine veränderte Kulturführung mit sich brachten. Die meisten aufrecht wachsenden Sorten sind heute tetraploid oder triploid, die hängenden Sorten diploid.

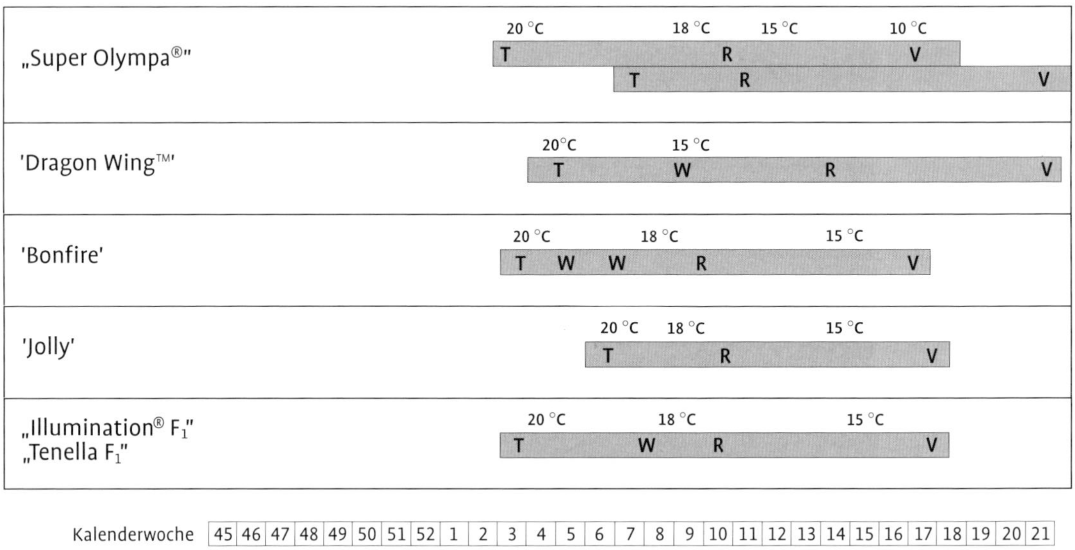

T Topfen (12-cm-Topf)
W Einsatz von Wachstumsregulatoren
R Rücken
V Verkauf

Abb. 12. Kulturschema *Begonia* (Beispiele).

Tab. 13. Pflanzenschutz bei *Begonia*

Schadensursache	Schadbild	Behandlungsmöglichkeit Präparat*)	Wirkstoff	Bemerkungen
Tierische Schaderreger				
Minierfliege	kleine weißliche Einstichstellen in den Blättern, später bräunliche Fraßgänge sichtbar	Vertimec®	Abamectin	Fraß- und Kontaktwirkung, Tiefenwirkung
		NeemAzal-T/S®	Azadirachtin Neem	Fraß- und Kontaktwirkung, systemisch
		Schlupfwespen (*Dacnusa sibirica*)		
				erste befallene Blätter sofort entfernen, Mittel auf Pflanzenverträglichkeit prüfen, Gelbtafeln nutzen
Blattläuse	verkrüppelte junge Blätter in den Triebspitzen	Calypso®	Thiacloprid	systemische Wirkung
		Pirimor®-Granulat	Pirimicarb	Kontaktwirkung
		Plenum® 50 WG	Pymetrozin	Fraß- und Kontaktwirkung
Trauermücken	Schädigung der Wurzeln durch Larvenfraß, Wachstumsstockungen	Nomolt	Teflubenzuron	Fraß- und Kontaktwirkung ab Larvenstadium
				Gelbtafeln nutzen
Thripse	helle Einstichstellen an den Blättern	Vertimec®	Abamectin	Fraß- und Kontaktwirkung
		Mesurol flüssig	Methiocarb	Fraß- und Kontaktwirkung, systemisch
				Blautafeln nutzen
Weichhautmilben	krüpplige Blätter, Knospen blühen nicht auf	Vertimec®	Abamectin	Fraß- und Kontaktwirkung, Tiefenwirkung
Weiße Fliege	Blattunterseite mit Eiablagen und Larvenstadien	Nomolt	Teflubenzuron	Fraß- und Kontaktwirkung
		Plenum® 50 WG	Pymetrozin	Fraß- und Kontaktwirkung, systemisch
		Vertimec®	Abamectin	Fraß- und Kontaktwirkung, Tiefenwirkung
		MICULA®	Rapsöl	nicht bei Sonne spritzen
		Nützling (*Encarsia formosa*)		
				Gelbtafeln nutzen

Tab. 13. Pflanzenschutz bei *Begonia* (Fortsetzung)

Schadensursache	Schadbild	Behandlungsmöglichkeit Präparat*)	Wirkstoff	Bemerkungen
Pilzliche Erreger				
Echter Mehltau	weißer mehliger Belag auf Blättern, Stängeln und Blüten	Ortiva®	Azoxystrobin	protektive Wirkung, systemische Wirkung
		Score®	Difenoconazol	systemische Wirkung
		BioBlatt-Mehltaumittel®	Lecithin	vorbeugend anwenden, Kontaktwirkung
				auf ausreichende Luftzirkulation achten, Luftfeuchtigkeit senken
Grauschimmel (*Botrytis cinerea*)	Faulstellen an Blättern und Blüten	Teldor®	Fenhexamid	hinterlässt leichte Spritzflecken
		Rovral®	Iprodion	Kontakt- und Tiefenwirkung
Stängelgrundfäule (*Phytophthora*)	Fäule am Stängelgrund	Switch®	Cyprodinil + Fludioxonil	systemische und protektive Wirkung
		Rovral®	Iprodion	Tiefenwirkung
		Fonganil Gold	Metalaxyl-M	systemische Wirkung
		Previcur® N	Propamocarb	systemische Wirkung
				Hygienemaßnahmen beachten, trockener kultivieren

*) vor Anwendung von Pflanzenschutzmitteln immer Zulassungssituation prüfen und die Mittel auf Pflanzenverträglichkeit testen

5.2.3.1 Sortiment

Aufrecht wachsende Sorten

„Nonstop® F_1“ ist eine gefüllt blühende Serie in 13 Farben. Die dicht gefüllten Blüten sind 8 bis 10 cm groß. Die Sorten verzweigen sich gut von unten, haben einen gedrungenen Wuchs und mittelgroßes, grünes Laub. Die Kulturdauer bis zur Blüte beträgt etwa 18 Wochen. Für Beet und Gefäß gleichermaßen geeignet, können sie in Schatten und Sonne gepflanzt werden. Voraussetzung ist, dass der Wurzelballen immer gleichmäßig feucht ist. Wegen des kompakten Wuchses ist die Produktion in Packs möglich.

„Nonstop® F_1 Mocca®“ ist eine dunkellaubige Ergänzung zur Standardserie. Die sechs Farben geben einen wunderbaren Kontrast zu dem dunklen Laub. Die Wuchseigenschaften entsprechen der bekannten „Nonstop® F_1“. Bei starker Sonneneinstrahlung hellt sich das Laub etwas auf.

Noch neu und wenig bekannt ist die Serie „Tubby“ in fünf Farben, mit gefüllten Blüten. Die Pflanzen sind sehr kompakt, sehr früh blühend, gleichmäßig im Wuchs und gut für die Produktion in Packs oder kleinen Töpfen geeignet. Die Kulturzeit für kleine Töpfe beträgt acht bis neun Wochen.

„Fortune F_1“ ist ebenfalls gefüllt blühend, wird in 14 Farben angeboten. Die Sorten haben einen gedrungenen Pflanzenaufbau, wachsen sehr einheitlich, die Blütengröße beträgt etwa 8 cm. Die kurze Kulturzeit und die gute Widerstandsfähigkeit gegenüber Mehltau macht die Serie interessant.

„Panorama® F_1“, gefüllt blühend, hat im Gegensatz zu den vorherigen Serien einen halb hängenden Wuchs, kleines schmales Laub und kleinere Blüten (5 bis 6 cm). Die Sorten sind enorm reichblütig und bestens für Balkonkästen und Ampeln geeignet. Die Kulturzeit von der Aussaat bis zur Blüte beträgt 19 Wochen für Topfware und 23 Wochen für Ampeln. „Pin-Up® F_1“, eine tetraploide, einfach blühende Serie mit zwei Sorten ist durch ihre besondere Blütenform begehrt. Die vier Blütenblätter, zwei große und zwei kleine, bilden zusammen eine kreisrunde Blume mit einem Durchmesser bis 12 cm. Die Blüten sind zweifarbig, innen weiß bzw. gelb mit einem tiefrosa bzw. feuerrotem Saum. Die Pflanzen wachsen kompakt, verzweigen sich von der Basis und blühen überreich bis zum Frost. 'Flamboyant' besticht durch den Kontrast von Blütenblättern und Staubgefäßen. Die Sorte hat ungefüllte Blüten mit leuchtend scharlachroten Blüten- und gelben Staubblättern. Sie ist außerordentlich reichblütig, rund im Wuchs und kompakt. Leider ist diese Sorte sehr mehltauanfällig. Neu auf dem Markt ist „Jolly“, eine vegetativ vermehrte, mittel- bis kleinblütige Serie in drei leuchtenden Farben. Die Pflanzen sind für Schatten und Halbschatten geeignet und werden zukünftig eine willkommene Bereicherung des Friedhofssortiments sein. In wärmeren, nicht zu feuchten Klimalagen können gerade für den Friedhof auch gut die vegetativ vermehrten 'Solenia'-Begonien Verwendung finden.

Hängende Begonien

„Illumination® F_1“ ist eine stark hängende, gefüllt blühende Begonie, auch als Girlandenbegonie bezeichnet. Es werden fünf Farben angeboten. Die langen, biegsamen eleganten Triebe sind gut verzweigt. Die Pflanzen haben eine enorme Wuchskraft und beeindrucken durch ihre anhaltende und kontinuierliche Vollblüte. Die Blüten besitzen eine Durchmesser von 6 bis 10 cm. Das Laub ist schmal und zierlich. Die Pflanzen sind sehr wind- und wetterfest. Als Einzeltopfpflanze benötigen die Sorten 19 Wochen und als gut entwickelte Ampel 22 bis 25 Wochen Kulturzeit. Die Pflanzen können eine Länge von mehr als einem Meter erreichen. Eine weitere Serie ist „Tenella F_1“, die ebenfalls in fünf Farben angeboten wird. Die Blüten haben eine etwas längliche Form im Vergleich zu „Illumination® F_1“, die Petalen sind deutlich schmaler. „Tenella F_1“ ist ebenfalls sehr reichblütig. Die Sorten haben anfangs einen aufrechten Wuchs. Durch diese Wuchseigenschaft werden zunächst die Töpfe bzw. Ampeln im oberen Bereich gefüllt und erst später – bei einer gewissen Blütenfülle – beginnen die Triebe seitlich herunterzuhängen. Dadurch verursachen sie weniger Transportprobleme. Als Einzeltopfpflanze benötigen die Sorten 17 Wochen und als gut gefüllte Ampel 20 bis 23 Wochen Kulturzeit. Das Laub ist etwas heller. Die mittelgroße Blüte ist ein gefüllter Fimbriatatyp mit eingeschlitzten Blütenblättern und damit ein neuer Blütentyp bei Knollenbegonien. Bei einigen Sorten kann zum Ende der Saison eine Gesamtlänge von mehr als 120 cm erreicht werden. Beide Serien werden generativ vermehrt. Die Kulturzeit von der Aussaat bis zum Topfen beträgt, je nach Jahreszeit, Temperatur und Lichtverhältnissen, sieben bis zehn Wochen.

Besonders auffallend unter den hängenden Sorten ist *Begonia boliviensis* 'Bonfire'. Durch die langen schmalen Blüten, die leuchtende Farbe und die enorme Reichblütigkeit ist die Sorte ein Blickfang über die gesamte Vegetationszeit (siehe Farbtafel S. 57, Abb. 4 und 5 sowie Farbtafel S. 58, Abb. 6). Sie bildet lange, überhängende Triebe. Bei Kulturbeginn im März blüht sie Mitte bis Ende Mai. 'Bonfire' stammt aus Bolivien, ist sehr widerstandsfähig und ein richtiger Dauerblüher. Die Sorte wird im Gegensatz zu den vorher beschriebenen vegetativ vermehrt.

Eine weitere vegetativ vermehrte Einzelsorte ist 'Champagner®'. Die Blütenfarbe ist hellgelb mit orangerosa Hauch (siehe Farbtafel S. 58, Abb. 7). Die Sorte entwickelt sehr große, gefüllte Blüten mit runden Petalen. Das Laub ist dunkelgrün, etwas größer und schmal. Nach anfänglich eher aufrechtem Wuchs ist sie später gut hängend und wächst zu einer reichblütigen runden Ampel mit einer Länge von bis zu 80 cm heran. Die Sorte ist außerordentlich widerstandsfähig gegenüber Mehltau.

5.2.3.2 Kulturführung

Vermehrung

Für einen frühen Verkaufstermin (April) erfolgt die Aussaat bereits im Dezember. Nach der Keimung ist in dieser lichtarmen Jahreszeit mit kurzen Tagen eine Tagverlängerung auf mindestens 13 Stunden erforderlich, photoperiodisches Licht ist ausreichend. Der Trend zu kürzeren Kulturzeiten führt zum verstärkten Einsatz von Assimilationslicht, da so das Wachstum deutlich beschleunigt werden kann. Temperatur, Luftfeuchtigkeit u. a. entsprechen bei der Vermehrung denen der *Begonia* Semperflorens-Cultorum-Gruppe.

Vereinzelt werden neue Sorten ausschließlich vegetativ vermehrt (siehe oben). Eine gute Qualität kann nur bei gesundem Ausgangsmaterial aus Gewebekultur erzielt werden. Von Eigenvermehrungen ist daher nicht nur aus lizenzrechtlicher, sondern auch aus kulturtechnischer und phytosanitärer Sicht dringend abzuraten.

Angeboten werden Jungpflanzen in unterschiedlicher Topfballengröße. Je nach Verkaufstermin und Angebotsform, kann zwischen Woche 5 und Woche 12 getopft werden.

Substrat

Im Gegensatz zu Semperflorens-Begonien sind Knollenbegonien eher salzempfindlich. Es ist auch für das Topfen im Endtopf ein schwach aufgedüngtes lockeres Substrat zu empfehlen. Ein Salzgehalt von 1,0 bis 1,5 g/l Substrat sollte nicht überschritten werden.

Topfgröße

In der Regel wird heute für Knollenbegonien ein 10,5- bis 12-cm-Topf gewählt. Bei kleineren Töpfen ist das Kulturrisiko wesentlich größer. Leichtes Andrücken und ein nicht zu tiefes Eintopfen erleichtert die Pflanzenentwicklung. Bei entsprechender Sortenwahl (vgl. Sortiment) ist auch die Produktion von Packs möglich.

Düngung

Für eine gute Entwicklung sind regelmäßige wöchentliche Nachdüngungen mit niedriger Düngerkonzentration (0,08 %) ab Etablierung im Topf zu empfehlen. Bei Bewässerungsdüngung sollte die Konzentration vorzugsweise bei 0,05 % liegen, je nach Häufigkeit der Bewässerung.

Bewässerung

Wichtig ist ein gründliches Angießen nach dem Topfen. Danach darf nur sparsam bewässert werden. Ballentrockenheit ist zu vermeiden. Eine zu feuchte Kulturführung führt sehr leicht zu Wurzel- und Stängelgrundfäule. Besonders in der lichtarmen Jahreszeit sind die Wassergaben zu reduzieren. Mit steigender Lichtintensität kann auch die Bewässerungshäufigkeit erhöht werden. Staunässe ist unbedingt zu vermeiden.

Temperatur

Bis zum Einwurzeln nach dem Topfen ist es empfehlenswert, die Temperatur von 18 bis 20 °C beizubehalten. Danach kann sie leicht abgesenkt werden. Erst nach dem Erscheinen der Blüten kann die Temperatur auf 16 °C abgesenkt werden. Bei Temperaturen unter 14 °C setzt im Allgemeinen die Knollenbildung ein.

Licht

Eine möglichst helle Kulturführung ist empfehlenswert. Die Jungpflanzen sollten daher schnell an volles Licht gewöhnt werden. In den ersten Wochen nach dem Topfen ist bei einer Einstrahlung (Außenlicht) über 30 klx unbedingt zu schattieren. Langtagbedingungen von mehr als 13 Stunden garantieren eine gute Blüteninduktion und beschleunigen gleichzeitig das vegetative Wachstum. Für sehr frühe Verkaufssätze ist photoperiodisches Licht unbedingt erforderlich. Für den Verkauf ab Mitte Mai

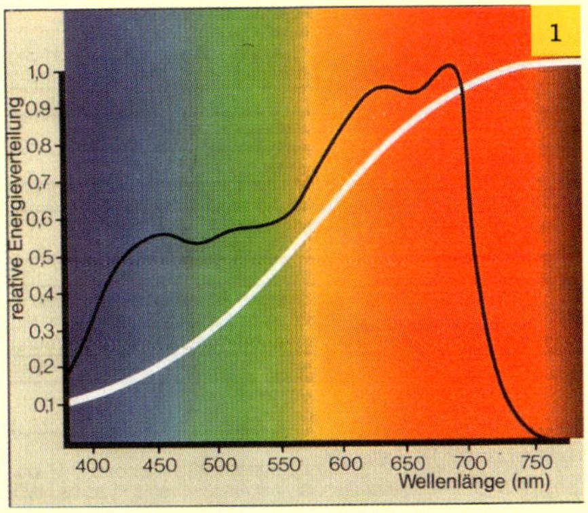

Abb. 1.
Spektrale Energieverteilung einer Glühbirne im Vergleich zur Pflanzenempfindlichkeitskurve für die Photosynthese (weiße Kurve = Glühbirne, schwarze Kurve = Photosynthese).

Abb. 2.
Marketing.

Abb. 3.
Argyranthemum frutescens. Sortenvergleich: links die niedrig und kompakt wachsende 'Molimba® Monroe White' (P) und rechts 'Snowland' (S), deutlich höher im Wuchs.

Abb. 4 und 5.
Begonia boliviensis 'Bonfire' bei vier Kulturverfahren. Von links nach rechts: TMT 18 °C, TMT 16 °C, TMT 15 °C Diff und Drop, TMT 12 °C, fotografiert am 04. 04. und 26. 04. 2006.

Abb. 6.
Begonia boliviensis 'Bonfire' – reichblütig bis zum Frost.

Abb. 7.
Begonia Tuberhybrida-Gruppe 'Champagner®' – attraktiv, reichblütig, gut gefüllte Blüten und sehr widerstandsfähig gegenüber Mehltau.

Abb. 8.
Bidens ferulifolia. Sortenvergleich: links 'Mega Sun' mit großen Blüten und rechts 'Yellow Fire' (sehr kleine Blüten).

Abb. 9.
Bidens ferulifolia 'Pirat's Treasure®' – erste Sorte mit halb gefüllten Blüten.

Abb. 10.
Calibrachoa 'Million Bells® Red'.

Abb. 11.
Calibrachoa 'Celebration® Raspberry'.

Abb. 12.
Calibrachoa 'MiniFamous™ Double Pink' – erste gefüllt blühende Sorte.

Abb. 13.
Calibrachoa 'Calipetite' – eine sehr kompakt wachsende Sorte.

Abb. 14.
Calibrachoa 'Callie® Painted Coral'.

Abb. 15.
Calitunia 'Purple' – erste Sorte aus der Kreuzung *Petunia* × *Calibrachoa*.

Abb. 16 und 17.
Calitunia 'Purple' bei vier Kulturverfahren. Von links nach rechts: TMT 18 °C, TMT 16 °C, TMT 15 °C Diff und Drop, TMT 12 °C, fotografiert am 04. 04. und 26. 04. 2006.

Abb. 18.
Dahlia Cultivars 'Royal Dahlietta™ Patty' (S): links TMT 15 °C, rechts TMT 12 °C.

Abb. 19.
Diascia 'Miracle Carmine' (P).

Abb. 20.
Diascia 'Divara Pink'.

Abb. 21.
Diascia 'Genta® Antique Red'.

Abb. 22.
Impatiens walleriana 'Spellbound® Lilac'.

23

24

25

Abb. 23 bis 25. *Impatiens walleriana* 'Cameo Neo® Candy Pink' (S) bei vier Kulturverfahren: Von links nach rechts: Diff und Drop TMT 15 °C, Drop TMT 15 °C, Drop TMT 12 °C, Temperatursumme TMT 17 °C + Topflor, fotografiert am 23.03., 13.04. und 27.04.2005.

26

27

28

Abb. 26. *Lobelia* 'Laguna® Trailing Lilac' (P) – sehr reichblütig.

Abb. 27. *Lobelia* 'HOT® Waterblue' – sehr widerstandsfähig gegenüber hohen Temperaturen und Sonne.

Abb. 28. *Nemesia* 'Magma® Flame Orange'.

Abb. 29. *Nemesia caerulea* 'Elph™ Blue' bei vier Kulturverfahren. Von links nach rechts: Diff und Drop TMT 15 °C, Drop TMT 15 °C, Drop TMT 12 °C, Temperatursumme TMT 17 °C + Topflor, fotografiert am 23.03.2005.

Abb. 30 und 31. *Nemesia caerulea* 'Golden Eye' bei vier Kulturverfahren: Von links nach rechts: TMT 18 °C, TMT 16 °C, TMT 15 °C Diff und Drop, TMT 12 °C, fotografiert am 04.04. und 26.04.2006.

Abb. 32. *Osteospermum ecklonis* 'Sunadora Hotspots Palermo' (P).

Abb. 33. *Osteospermum ecklonis* – viele Sonderfarben ergänzen das Sortiment.

Abb. 34.
Blüte von *Pelargonium zonale* 'Avenida Mosaik Purple'.

Abb. 35.
Pelargonium 'Graffiti Double Rose'.

Abb. 36.
Pelargonium 'Angeleyes® Orange'.

Abb. 37.
Petunia 'Dress-up lilac'.

Abb. 38.
Sanvitalia speciosa 'Solaris®' (S).

Abb. 39.
Scaevola saligna (ungestutzt) 'Scarlatti Compact Blue' bei vier Kulturverfahren. Von links nach rechts: TMT 18 °C, TMT 16 °C, TMT 15 °C Diff und Drop, TMT 12 °C, fotografiert am 26. 04. 2006.

Abb. 40.
Sutera 'Sky Blue Falls™ evol.'.

Abb. 41.
Sutera 'Baja': links TMT 15 °C, rechts TMT 12 °C.

Abb. 42.
Tagetes 'Lucy'.

Abb. 43.
Verbena Cultivars 'Corsage® Peach'.

reichen im Allgemeinen die natürlichen Lichtverhältnisse aus. Bis zum Verkauf sollen die Pflanzen ausreichend abgehärtet werden. Sonne wird dann recht gut vertragen, wenn der Wurzelbereich durchfeuchtet (nicht nass) ist.

Wachstumsregulatoren
Bis zum Sichtbarwerden der Knospen können stark wachsende Sorten mit CCC 720 behandelt werden. Die Konzentration muss zur Vermeidung von Blattrandschäden jedoch sehr niedrig (0,05 %) bemessen werden. Die Behandlung beginnt etwa 14 Tage nach dem Topfen. Frühe Sätze werden zwei- bis dreimal und spätere ein- bis zweimal gespritzt. Für die meisten Sorten ist bei heller Kulturführung und bei Temperaturen um 16 °C keine Behandlung notwendig.

Platzbedarf
Nach dem Topfen wird mit 80 bis 100 Pflanzen/m^2 kalkuliert, im Endstand sollten, je nach Sorte und Topfgröße, zwischen 25 und 60 Stück/m^2 aufgestellt werden. Ein zu enger Stand führt zu langen blattlosen Stängeln, welche die Standfestigkeit negativ beeinflussen.

Produktform
Angeboten werden Knollenbegonien vereinzelt in Packs, überwiegend jedoch in 12-cm-Töpfen oder Ampeln.

Kulturdauer
Von der Aussaat bis zum Verkauf ist mit 18 bis 25 Wochen zu planen. Bei der Verwendung von Jungpflanzen reduziert sich die Kulturzeit auf 8 bis 12 Wochen, je nach Größe der Jungpflanzen.

Pflanzenschutz
Bei Einhaltung von entsprechenden Hygienemaßnahmen gibt es kaum Probleme mit bakteriellen Erkrankungen (*Xanthomonas*) oder bodenbürtigen pilzlichen Erregern wie *Pytium* oder *Rhizoctonia*. Regelmäßige Kontrollen auf *Botrytis*-Befall und Echten Mehltau sind notwendig. Auch Weichhautmilben, Thripse und Trauermückenlarven können zu Qualitätsverlusten führen. Die Verwendung von Gelb- und Blautafeln kann eine hilfreiche Unterstützung bei der regelmäßigen Bestandeskontrolle sein (siehe Tab. 13, Seiten 53/54).

5.3 *Bidens ferulifolia*, Familie Asteraceae

5.3.1 Heimat

Die Gattung *Bidens* umfasst etwa 200 Arten, von denen die meisten in Südamerika beheimatet sind. *B. ferulifolia* stammt aus Mexico und Südarizona. Heute findet man *Bidens* in ganz Lateinamerika und in weiten Teilen der USA, wo sie in vielen Ackerbaukulturen als lästiges Unkraut Probleme bereiten. Nach Europa kam diese Gattung bereits 1799, wurde aber erst um 1990 für den Zierpflanzenbau interessant. Eingeführt wurde sie als stark wachsende, alles verdrängende Beet- und Ampelpflanze. Inzwischen gibt es viele kompakte, deutlich schwächer wachsende Sorten.

5.3.2 Sortiment

Gute Sortenkenntnis ist bei *Bidens* erforderlich, um für den jeweiligen Verwendungszweck die richtige Sorte auszuwählen. Von kleinen gelben Polstern für Beete, Kasten oder gemischte Bepflanzungen bis zu stark wachsenden oder stark hängenden Sorten ist alles im Sortiment vorhanden. Auffallend kleine Blüten (1,8 cm) haben 'Yellow Fire' (siehe Farbtafel S. 58, Abb. 8) und 'Yellow Empire®'. Der Wuchs ist kugelig und kompakt, die Pflanzenhöhe bleibt unter 25 cm. Reichblütigkeit und Gesamteindruck sind über den ganzen Sommer gut bis sehr gut. Selbst im Herbst überzeugen die Sorten durch ihre große Blütenfülle. 'Peters Surprise' hat mit sechs bis acht Zungenblüten deutlich mehr Zungenblüten als andere Sorten. Durch die intensive Züchtungsarbeit verändert sich der Blütenaufbau auch bei anderen Sorten. So ist 'Pirat's Treasure®' die erste halb gefüllte Sorte (siehe Farbtafel S. 58, Abb. 9). Größere Blüten (2,8 cm) und einen stärkeren Wuchs (40 cm) hat 'Golden Sun' (S). Die Sorte ist trotzdem kompakt, leicht aufrecht, sehr gleichmäßig in Wuchs und Blühleistung und bildet noch im September einen dichten Blütenteppich. Sie kann sowohl für die Flächenbepflanzung als auch für die gemischte Bepflanzung von Gefäßen empfohlen werden. Von geringer Bedeutung sind samenvermehrte Sorten.

5.3.3 Kulturführung

Vermehrung

Die Vermehrung erfolgt durch Stecklinge, um einen einheitlichen Bestand zu garantieren. *Bidens* bilden viele Samen, die auch sehr gut keimfähig sind. Die Qualität dieser Nachkommen ist jedoch nicht ausreichend. Wirtschaftliche Bedeutung hat daher nur die Stecklingsvermehrung. Die Bewurzelung erfolgt bei 18 bis 20 °C in Vermehrungssubstrat. Die Bewurzelung dauert zwei bis drei Wochen. Besondere Ansprüche stellt *Bidens* nicht.

Substrat

Zu verwenden ist möglichst ein tonhaltiges Substrat mit einem pH-Wert von 5 bis 6. Durch den hohen Wasser- und Nährstoffbedarf ist so eine problemlosere Kulturführung möglich.

Topfgröße

Je nach Verwendungszweck wird eine Topfgröße von 9 bis 12 cm empfohlen. Für die Anzucht als Rohware zur Bepflanzung von Ampeln empfiehlt sich ein kleinerer Topf. Für eine dekorative Premium-Ware muss ein möglichst großer Topf verwendet werden. Auf die Sorteneigenschaften (vgl. Sortiment) ist dabei unbedingt zu achten.

Bewässerung

Bidens haben einen hohen Wasserbedarf. Auf eine regelmäßige Bewässerung ist zu achten. Ballentrockenheit muss vermieden werden. Eine gleichmäßige Durchfeuchtung des Topfes ohne stauende Nässe ist für Qualitätsware zwingende Voraussetzung. Zu viel Wasser wird ebenso wenig toleriert wie zu wenig Wasser. Neben Kümmerwuchs treten Laub- und Wurzelschäden auf. Die Bluteninduktion wird nachhaltig geschädigt.

Temperatur

Nach dem Eintopfen sind 16 bis 18 °C erforderlich. Danach kann die Temperatur langsam abgesenkt werden. *Bidens* ist eine klassische Gattung für energiesparende Kulturführung. 12 °C sind ausreichend. Die Kulturzeit wird für die meisten Sorten nur unwesentlich verlängert, der Pflanzenaufbau bleibt kompakt und bei den stark wachsenden Sorten wird das Streckungswachstum deutlich reduziert. Empfohlen werden kann auch die Anzucht mit negativ Diff und Drop, um das Längenwachstum zu hemmen (siehe Tab. 14).

Licht

Die Anzucht muss bei vollem Licht erfolgen. Eine Schattierung ist zu vermeiden. Zusatzlicht hat dagegen wenig Einfluss auf die Blütenentwicklung. Erst ab 6 klx Assimilationslicht ist eine Verfrühung der Blüte um mehr als fünf Tage erreichbar und somit wohl eher nicht wirtschaftlich.

Nährstoffbedarf

Bidens haben einen hohen Nährstoffbedarf. In der Hauptwachstumsperiode sind bei wöchentlicher Düngung 0,3 % eines ausgeglichenen MND zu verabreichen. Für eine gleichmäßige Versorgung mit Nährstoffen empfiehlt sich eine Bewässerungsdüngung von 0,1 %. Dabei ist zu berücksichtigen, dass bei einer 12-°C-Kultur weitaus weniger bewässert werden muss als bei einer 16-°C-Kultur. Einige Wochen vor dem Verkauf kann auf einen PK-betonten MND umgestellt werden.

Stutzen

Bis acht Wochen vor dem Verkaufstermin kann gestutzt werden. Ein einmaliges Stutzen ist ausreichend, oft wird für einen besseren Pflanzenaufbau mehrmaliges Stutzen empfohlen. Nur bei sehr starkwüchsigen Sorten oder bei sofortigem Topfen in

Tab. 14. Sortenspezifische Kulturführung bzw. -maßnahmen bei *Bidens ferulifolia*

Sorte	Kulturmaßnahme	Wachstums-regler	Geeignete Tagesmitteltemperatur (TMT) für die Produktion in °C 12	14	16	18
'Yellow Glow'	Stutzen		ja	ja	ja	ja
	Hemmstoff-behandlung	ohne	nicht möglich	nicht möglich	nicht möglich	nicht möglich
		Topflor	geringer Bedarf	geringer Bedarf	mittlerer Bedarf	mittlerer Bedarf
		CCC 720	geringer Bedarf	mittlerer Bedarf	mittlerer Bedarf	hoher Bedarf
		Caramba	geringer Bedarf	mittlerer Bedarf	mittlerer Bedarf	hoher Bedarf
		Regalis®	geringer Bedarf	mittlerer Bedarf	mittlerer Bedarf	hoher Bedarf
	negativ Diff und Drop			ja	ja	nur Drop*)
'Pirat's Gold®'	Stutzen		ja	ja	ja	ja
	Hemmstoff-behandlung	ohne	ja	ja	ja	nein
		Topflor	nein	nein	nein	geringer Bedarf
		CCC 720	nein	nein	nein	geringer Bedarf
		Caramba	nein	nein	nein	geringer Bedarf
		Regalis®	nein	nein	nein	geringer Bedarf
	negativ Diff und Drop			ja	ja	nur Drop*)

*) bei 18 °C TMT negativ Diff aus energetischen/wirtschaftlichen Erwägungen nicht zu empfehlen, aus pflanzenbaulicher Sicht möglich

Ampelgefäße kann Mehrfachstutzen sinnvoll sein. Einzelne Sorten verzweigen sich auch ohne Stutzen ausreichend.

Wachstumsregulatoren

Beim Einsatz von Wachstumsregulatoren sind die Sorteneigenschaften und die beabsichtigte Temperaturführung unbedingt zu beachten. Kompakte Sorten, wie 'Yellow Fire' und 'Yellow Empire®', benötigen keine Hemmstoffe. Bei einer Kulturführung mit 12 °C kann bei den meisten Sorten ebenfalls weitgehend auf einen Hemmstoffeinsatz verzichtet werden. Hier ist besonders im März und April, wenn durch die starke Sonneneinstrahlung die Temperaturen deutlich steigen, eine Behandlung durchzuführen. Dabei muss die Dosis so gewählt werden, dass beim Endverbraucher eine Entwicklung der Seitentriebe erfolgen kann. Als allgemeine Empfehlung ist eine erste Spritzung nach dem Stutzen bei erfolgtem Austrieb vorzunehmen. Zur Anwendung können sowohl Topflor (0,10 %), Caramba (0,05 %) oder Regalis® (0,25 %) kommen. CCC 720 reduziert ebenfalls das Triebwachstum, beeinflusst jedoch deutlich die Blühwilligkeit.

Platzbedarf

Je nach Sortenwahl, sind im Endstand bei 12-cm-Töpfen 15 bis 30 Pflanzen/m² möglich. Zu beachten ist, dass die Triebe nicht ineinanderwachsen, das heißt, ein extremes Streckungswachstum muss bis in die Verkaufsphase möglichst verhindert werden. Bei zu engem Stand tritt sehr schnell ein Qualitätsverlust ein, der erst zum Vermarktungstermin deutlich sichtbar wird. Die Pflanzen verkahlen bei zu engem Stand von der Mitte und entwickeln nur unverzweigte, lange Seitentriebe.

Kulturdauer

Der Topftermin ist durch Sortenwahl, Temperaturführung und Verwendungstermin bestimmt. Für den Verkauf Mitte April und bei einer energiesparenden Kulturweise muss bis Ende Januar/Anfang Februar getopft werden. Bei späteren Absatzterminen kann das Topfen auch noch Anfang März erfolgen (siehe Abb. 13).

Pflanzenschutz

Krankheiten treten bei *Bidens* nach sachgerechter Kulturführung selten auf. Mehltau und *Botrytis* sind möglich. Auf Läuse, Thripse, Minierfliegen und Weiße Fliege ist unbedingt zu achten (siehe Tab. 15).

5.4 *Calibrachoa*, Familie Solanaceae

5.4.1 Heimat

Calibrachoa – deutscher Name Zauberglöckchen – ist ein interspezifisches Kreuzungsprodukt. Oft wird sie auch als kleinblütige Petunie bezeichnet. Seit 1985 wird *Calibrachoa* jedoch als eigenständige Gattung geführt, die der Petunie verwandtschaftlich sehr nahe steht. Die Chromosomenzahl von *Calibrachoa* ist größer als die von Petunien. Vermutlich sind im Laufe der Züchtungsarbeit kleinblütige brasilianische Wildformen von Petunien eingekreuzt worden. Die Blüten sind sehr witte-

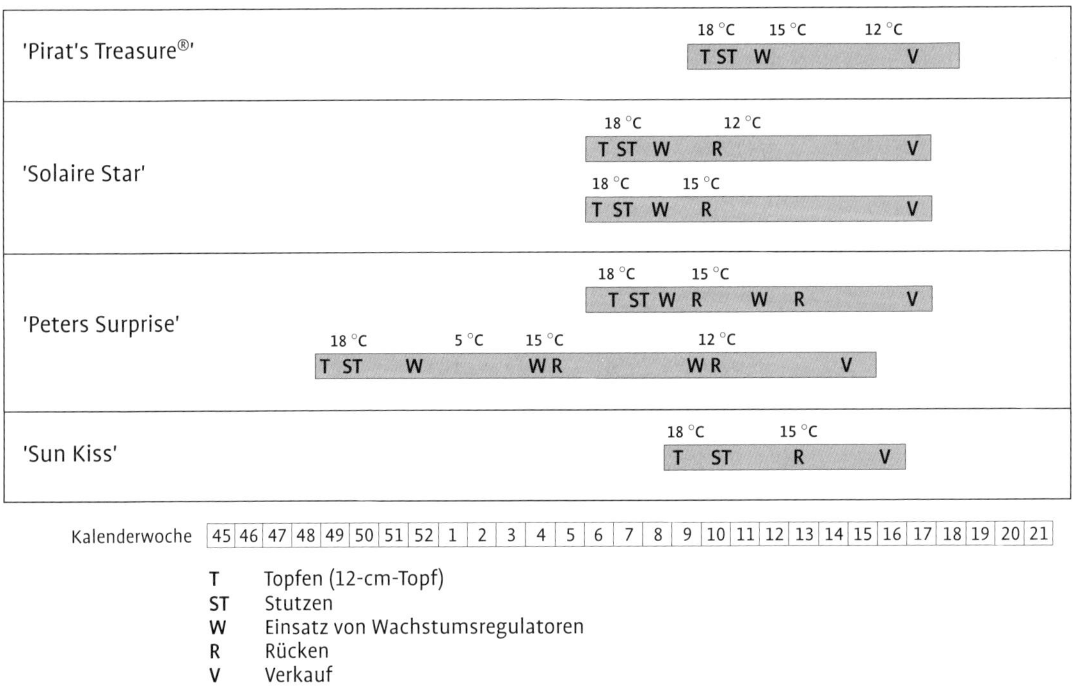

Abb. 13. Kulturschema *Bidens ferulifolia* (Beispiele).

Tab. 15. Pflanzenschutz bei *Bidens ferulifolia*

Schadensursache	Schadbild	Behandlungsmöglichkeit Präparat*)	Wirkstoff	Bemerkungen
Tierische Schaderreger				
Minierfliege	kleine weißliche Einstichstellen in den Blättern, später bräunliche Fraßgänge sichtbar	Vertimec®	Abamectin	Fraß- und Kontaktwirkung, Tiefenwirkung
		NeemAzal-T/S®	Azadirachtin Neem	Fraß- und Kontaktwirkung, systemisch
		Schlupfwespen (*Dacnusa sibirica*)		
				erste befallene Blätter sofort entfernen, Unkraut entfernen, Gelbtafeln nutzen
Thripse	helle Einstichstellen an den Blättern	Vertimec®	Abamectin	Fraß- und Kontaktwirkung, Tiefenwirkung
		Mesurol flüssig	Methiocarb	Fraß- und Kontaktwirkung, systemisch
				Blautafeln nutzen
Blattläuse	bei starkem Befall Verschmutzung durch Honigtau	Plenum® 50 WG	Pymetrozin	Fraß- und Kontaktwirkung, systemisch
		Pirimor®-Granulat	Pirimicarb	Kontaktwirkung
Pilzliche Erreger				
Echter Mehltau	weißer mehliger Belag auf Blättern, Stängeln und Blüten	Ortiva®	Azoxystrobin	protektive Wirkung, systemisch
		Score®	Difenoconazol	systemische Wirkung
		BioBlatt-Mehltaumittel®	Lecithin	vorbeugend anwenden
				auf ausreichende Luftzirkulation achten, Luftfeuchtigkeit senken
Wurzelfäule (*Pythium*)	an Wurzel- und Stängelgrund Weichfäule, vorrangig im Jungpflanzenstadium	Proplant	Propamocarb	alle systemische Wirkung, Aufnahme über die Wurzel
		Previcur® N	Propamocarb	
		Fonganil Gold	Metalaxyl-M	
Stängelgrundfäule (*Phytophthora*)	Fäule am Stängelgrund	Switch®	Cyprodinil + Fludioxonil	systemische und protektive Wirkung
		Rovral®	Iprodion	Tiefenwirkung
		Fonganil Gold	Metalaxyl-M	systemische Wirkung
		Previcur® N	Propamocarb	systemische Wirkung
				Hygienemaßnahmen beachten, trockener kultivieren

*) vor Anwendung von Pflanzenschutzmitteln immer Zulassungssituation prüfen und die Mittel auf Pflanzenverträglichkeit testen

rungsbeständig. Die Widerstandsfähigkeit gegenüber Regen übertrifft die von Petunien deutlich. Die ersten Sorten waren sehr anfällig für Wurzelkrankheiten. Dank intensiver Züchtungsarbeit sind die neuen Sorten wesentlich robuster. Durch eine enorme Reichblütigkeit und eine ausdauernde Blüte über den ganzen Sommer sind *Calibrachoa* sehr beliebt. Nachteilig ist, dass viele Sorten bei trübem Wetter ihre Blüten schließen. Somit bleibt die lang anhaltende Blütenöffnung weiterhin ein wichtiges Zuchtziel.

5.4.2 Sortiment

Das Sortiment von *Calibrachoa* ist sehr vielfältig. Neben einer breiten Farbpalette von Weiß bis Dunkelrot und mehrfarbig sind Blütengröße und Wuchsform sehr unterschiedlich. Auch in der Frühzeitigkeit und Widerstandsfähigkeit gegenüber Krankheiten und Schädlingen gibt es große Sortenunterschiede. Insbesondere ist auf die Anfälligkeit gegenüber bodenbürtigen Wurzelerkrankungen zu achten. Nach wie vor sind gelb- und ockerfarbige Sorten dafür etwas anfälliger. Bei den neueren Sorten ist jedoch eine deutliche Verbesserung erkennbar. Eine ähnlich positive Entwicklung gibt es beim Pflanzenaufbau roter Sorten. Anfangs sehr sparrig im Wuchs, sind heute auch gute geschlossene Wuchstypen auf dem Markt. Für den Verbraucher ist das unterschiedliche Verhalten der Blütenöffnung wichtig. Viele Sorten öffnen an trüben Tagen die Blüten nicht, dadurch geht viel an Attraktivität verloren. Die wichtigsten Serien sollen an dieser Stelle erwähnt werden. Jede einzelne Sorte zu beschreiben, ist bei dem Umfang des Sortiments nicht möglich.

„Million Bells®“ kam als erste *Calibrachoa*-Serie auf den Markt (siehe Farbtafel S. 58, Abb. 10). Noch heute werden vielerorts alle Sorten dieser Gattung als Million Bells und nicht als *Calibrachoa* bezeichnet. Die meisten Sorten zeichnen sich durch eine sehr gute Reichblütigkeit aus, allerdings ist ihre Frühzeitigkeit sehr unterschiedlich. Eine Anzucht bei niedriger Temperatur (12 bis 15 °C) ist möglich. Eine Erweiterung ist „Million Bells® Trailing“ mit einem flachen und stark hängendem Wuchs. „Celebration®“ – eine bewährte Serie (siehe Farbtafel S. 58, Abb. 11) mit mehr als 30 Farben erfüllt fast jeden Wunsch. Sorten mit besonderer Leuchtkraft und Fernwirkung sind in der Serie „Dream Kisses®“ zusammengestellt. Im Wuchsverhalten von sehr kompakt bis starkwüchsig ist das Sortiment von „Mini-Famous™“. Das breite und interessante Farbspektrum sowie die Frühzeitigkeit einiger Sorten sind besonders hervorzuheben. Eine Ergänzung sind die Serien „MiniFamous™ Super“ und „MiniFamous™ Double“. Erstere zeichnet sich durch besonders große Blüten und eine verbesserte Wurzelstabilität aus. „MiniFamous™ Double“ ist die erste gefüllt blühende *Calibrachoa* auf dem Weltmarkt (siehe Farbtafel S. 59, Abb. 12). Vorläufig wird nur die Sorte 'MiniFamous™ Double Pink' angeboten. „Carillon“ ist eine vergleichsweise kleine Serie, darum aber nicht minder interessant. Mit einem ganz anderen Wuchscharakter wartet „Calipetite“ auf (siehe Farbtafel S. 59, Abb. 13). Die vier Sorten der Serie bleiben sehr kompakt, umwachsen den Topfrand, können aber nicht als hängend eingestuft werden. Durch ihren besonderen Habitus sind sie vor allem für gemischte Bepflanzungen im Balkonkasten oder Kübel geeignet. Aufgrund der dichten Polsterbildung haben sie auch eine hervorragende Flächenwirkung. Bei der Anzucht ist zu beachten, dass das Stutzen entfallen kann und auch eine Behandlung mit Wuchshemmstoffen nur bei sehr hohen Temperaturen am Tag und niedriger Temperatur in der Nacht erforderlich ist. Die Pflanzen bleiben sehr kompakt. Eine größere Bestandesdichte, im Vergleich zu anderen Sorten, ist möglich. Eine weitere Serie ist „Callie®“ (siehe Farbtafel S. 59, Abb. 14). Die leuchtenden Farben und einige nicht in jedem Sortiment vorhandenen Farbtöne machen sie zu beliebten Besonderheiten. „Calita®“ ist eine umfangreiche Serie mit verschiedenen Wuchstypen, Blütengrößen und unterschiedlichem Blühverhalten. Einige Sorten haben auch bei trübem Wetter ihre Blüten voll geöffnet. Während Sorten von „Sweet Bells®“ stark hängende Wuchseigenschaften besitzen, beeindrucken „Superbells™“ durch ihren runden Pflanzenaufbau. Die Sorten haben eher einen halb hängenden Charakter und sind dank intensiver züchterischer Arbeit widerstandsfähiger gegenüber *Thielaviopsis*. „Calimor™“ ist eine Serie mit großer Reichblütigkeit, überwiegend mittelgroßen Blüten und zum Teil rundem Wuchstyp. Neu auf dem Markt ist „Noa™“, die sich besonders durch eine frühe Blüte auszeichnen soll. Während für die meisten *Calibrachoa* eine Tageslänge von mehr als 12 Stunden für die Blüteninduktion erforderlich ist, soll „Noa™“ bereits im Kurztag bei 10 Stunden Tageslänge Blüten induzieren. Bei „Cabaret“ – ebenfalls eine neue Serie, liegt die Besonderheit in der geringeren Empfindlichkeit gegenüber hohen pH-Werten. Mit 'Calitunia®' gelang die erste Kreuzung zwischen *Petunia* und *Calibrachoa* (siehe Farbtafel S. 59, Abb. 15 bis 17). Die Blüten sind etwas größer und der Wuchs ist locker. Die Reichblütigkeit und Witterungsbeständigkeit von *Calibrachoa* und die Widerstandsfähigkeit gegenüber Wurzelerkrankungen von *Petunia* sollen hier vereint sein. Mit nur einer Farbe (purple) wird sie sich bei der Fülle des Angebotes auf dem Markt jedoch nur schwer durchsetzen können.

5.4.3 Kulturführung

Vermehrung

Die Vermehrung erfolgt durch Kopfstecklinge, die bei 20 °C und hoher Luftfeuchtigkeit problemlos in zwei Wochen bewurzeln.

Substrat

Für eine erfolgreiche Anzucht ist ein gut durchlässiges Substrat mit großem Luftvolumen erforderlich, da die Wurzeln sehr empfindlich sind. Substrate mit hohem Tongehalt sind zu vermeiden. Empfehlenswert ist die Verwendung von Langzeitdüngern in Kombination mit einem schnell wirksamen ausgeglichenen MND unter gleichzeitiger Verwendung von Eisengaben, z.B. Optifer. Ein pH-Wert von 5 ist optimal. Erste Serien, die toleranter auf einen etwas höheren pH-Wert reagieren, sind auf dem Markt (vgl. Sortiment).

Topfgröße

Entsprechend der schnellen Pflanzenentwicklung sollten 11- bis 12- cm-Töpfe Verwendung finden. Für sehr kompakt wachsende Sorten können auch etwas kleinere Töpfe zur Anwendung kommen. Bei Anstaubewässerung ist unbedingt auf geeignete Töpfe zu achten, um ein Abtrocknen des Substrates auch im unteren Bereich des Topfes zu ermöglichen.

Düngung

Calibrachoa sind stark zehrende Pflanzen und müssen von Beginn an ausreichend mit Nährstoffen versorgt werden. Unmittelbar nach dem Anwachsen ist regelmäßig ein ausgeglichener MND zu verabreichen. Bei Bewässerungsdüngung ist, je nach Häufigkeit und Pflanzenentwicklung, eine Konzentration von 0,10 bis 0,15 % anzuwenden, bei Intervalldüngung 0,2 bis 0,3 % ein- bis zweimal wöchentlich. Um den pH-Wert möglichst niedrig zu halten, ist sauer wirkendem Dünger der Vorzug zu geben (höherer Ammoniumanteil bei der Stickstoffform im verwendeten Dünger).

Bewässerung

Auf gleichmäßig feuchtes Substrat ist zu achten. Zu häufige Bewässerung und Staunässe begünstigen Wurzelerkrankungen.

Temperatur

Für die ersten zwei bis drei Wochen nach dem Topfen sind 18 bis 20 °C erforderlich. Danach soll die Temperatur schrittweise auf 12 bis 16 °C abgesenkt werden. Zu hohe Temperaturen führen zu starkem Längenwachstum, verhindern die Seitentriebbildung und erfordern zusätzliche Hemmstoffbehandlungen. Je nach Sorte kann bei niedriger Temperaturführung der Blühbeginn verzögert werden.

Licht

Die Pflanzen sind äußerst lichtbedürftig, sodass auf Schattierung verzichtet werden soll. Eine zu starke Schattierung hat Einfluss auf den Habitus und verzögert den Blühbeginn. *Calibrachoa* sind fakultative Langtagpflanzen. Durch eine photoperiodische Belichtung kann die Kulturzeit verkürzt werden, 150 bis 200 lx sind ausreichend. Empfohlen werden kann eine Nachtunterbrechung von zwei bis vier Stunden, je nach Jahreszeit. Eine Assimilationsbelichtung ist aufgrund des hohen Lichtbedarfes nicht sinnvoll. Bei vielen Sorten tritt erst bei sehr hohen Lichtwerten (4 bis 6 klx) ein positiver Effekt ein.

Stutzen

In der Regel soll etwa eine Woche nach dem Topfen einmalig entspitzt werden. Bei zu groß gewordenen Pflanzen ist auch ein Rückschnitt möglich. Vom Stutzen bis zum Verkaufstermin sind, je nach Sorte und Jahreszeit, acht bis zehn Wochen einzuplanen. Bei einzelnen neuen Sorten kann auf das Stutzen verzichtet werden. Diese Sorten verzweigen sich sehr gut, der Mitteltrieb wird schnell überwachsen (vgl. Sortiment).

Tab. 16. Sortenspezifische Kulturführung bzw. -maßnahmen bei *Calibrachoa*

Sorte	Kulturmaßnahme	Wachstumsregler	Geeignete Tagesmitteltemperatur (TMT) für die Produktion in °C			
			12	14	16	18
'Calita® Orange'	Stutzen		ja	ja	ja	ja
	Hemmstoffbehandlung	ohne	nicht möglich	nicht möglich	nicht möglich	nicht möglich
		Topflor	geringer Bedarf	mittlerer Bedarf	mittlerer Bedarf	hoher Bedarf
		CCC 720	geringer Bedarf	mittlerer Bedarf	mittlerer Bedarf	hoher Bedarf
		Caramba	nicht zu empfehlen			
		Regalis®	geringer Bedarf	mittlerer Bedarf	mittlerer Bedarf	hoher Bedarf
	negativ Diff und Drop			ja	ja	nur Drop*)
'Calipetite'	Stutzen		nein	nein	nein	ja
	Hemmstoffbehandlung	ohne	ja	ja	ja	nein
		Topflor	nein	nein	nein	geringer Bedarf
		CCC 720	nicht zu empfehlen			
		Caramba	nein	nein	nein	geringer Bedarf
		Regalis®	nein	nein	nein	geringer Bedarf
	negativ Diff und Drop			ja	ja	nur Drop*)

*) bei 18 °C TMT negativ Diff aus energetischen/wirtschaftlichen Erwägungen nicht zu empfehlen, aus pflanzenbaulicher Sicht möglich

Wachstumsregulatoren

Auf die Anwendung von Hemmstoffen kann bei *Calibrachoa* nur verzichtet werden, wenn die Pflanzen als Ampel verkauft werden sollen oder bei den Sorten der Serie „Calipetite". Bei der Produktion im Topf sind rechtzeitig, etwa sechs bis zehn Tage nach dem Stutzen, Wachstumsregulatoren einzusetzen. Bei Anwendung von Klimaregelstrategien wie Diff und Drop kann lediglich die Anwendungshäufigkeit reduziert werden (siehe Tab. 16). Bewährt haben sich Topflor (0,05 bis 0,10 %) sowie Regalis® (0,25 %) und Caramba (0,05 bis 0,10 %) in Kombination. Bei Verwendung von Regalis® muss unbedingt auf die Beeinflussung der Blütenfarbe hingewiesen werden. Deshalb sind spätere Behandlungen mit Caramba durchzuführen. Uneingeschränkt einsetzbar ist Regalis® nur bei weißen und gelben Sorten. CCC 720 ist nicht ausreichend wirksam. Die einzelnen Sorten sind sehr unterschiedlich in ihrem Wuchscharakter. Eine einheitliche Empfehlung für die Anwendung von Wuchshemmstoffen ist daher nicht möglich.

Platzbedarf

Der Platzbedarf ist abhängig von der Topfgröße und reicht von 25 bis 40 Pflanzen/m² im 11-cm-Topf bis 20 bis 25 Pflanzen/m² im 13-cm-Topf. Wegen des hohen Lichtbedarfs darf für eine gute Qualität nicht zu eng kultiviert werden. Die Pflanzen bilden bei ungenügender Standweite zu wenige und zu lange Seitentriebe. Ampeln sollten möglichst zeitig hängend kultiviert werden.

Kulturdauer

Calibrachoa sind am besten als Kurzkultur zu kultivieren. Bei sehr frühem Topftermin ist es schwierig, die Qualität zu halten. Der Arbeitsaufwand wird deutlich höher und damit steigen die Produktkosten. Bei Topftermin Ende Februar/Anfang März ist bei vielen Sorten ein Verkaufstermin Ende April/Anfang bis Mitte Mai möglich. Für den Verkauf Mitte bis Ende Mai ist ein Kulturbeginn Mitte bis Ende März möglich (siehe Abb. 14).

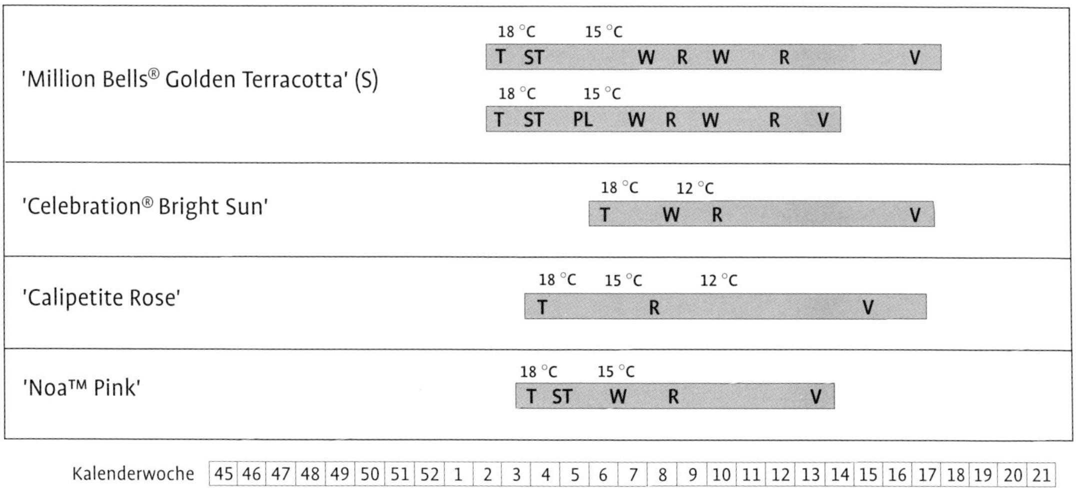

Abb. 14. Kulturschema *Calibrachoa* (Beispiele).

T Topfen (12-cm-Topf)
ST Stutzen
W Einsatz von Wachstumsregulatoren
PL photoperiodisches Zusatzlicht
R Rücken
V Verkauf

Tab. 17. Pflanzenschutz bei *Calibrachoa*

Schadensursache	Schadbild	Behandlungsmöglichkeit Präparat*)	Wirkstoff	Bemerkungen
Tierische Schaderreger				
Blattläuse	helle Saugstellen, Läuse an Triebspitzen, eventuell Honigtau	Calypso®	Thiacloprid	systemische Wirkung
		Pirimor®-Granulat	Pirimicarb	Kontaktwirkung
		Plenum® 50 WG	Pymetrozin	Fraß- und Kontaktwirkung, systemisch
		Florfliege (*Chrysoperla carnea*)		Temperatur > 15 °C
Thripse	helle Einstichstellen an den Blättern	Vertimec®	Abamectin	Fraß- und Kontaktwirkung, Tiefenwirkung
		Mesurol flüssig	Methiocarb	Fraß- und Kontaktwirkung, systemisch
				Blautafeln nutzen
Minierfliege (*Liriomyza*)	kleine weißliche Einstichstellen in den Blättern, später bräunliche Fraßgänge sichtbar	Vertimec®	Abamectin	Fraß- und Kontaktwirkung, Tiefenwirkung
		NeemAzal-T/S®	Azadirachtin Neem	Fraß- und Kontaktwirkung, systemisch
		Schlupfwespen (*Dacnusa sibirica*)		
				erste befallene Blätter sofort entfernen, Unkraut entfernen, Gelbtafeln nutzen
Weiße Fliege	Blattunterseite mit Eiablagen und Larvenstadien, Blätter vertrocknen, Verschmutzung durch Honigtau	Nomolt	Teflubenzuron	Fraß- und Kontaktwirkung
		Plenum® 50 WG	Pymetrozin	Fraß- und Kontaktwirkung, systemisch
		Vertimec®	Abamectin	Fraß- und Kontaktwirkung, Tiefenwirkung
		MICULA®	Rapsöl	nicht bei Sonne spritzen
		Schlupfwespe (*Encarsia formosa*)		
				Gelbtafeln nutzen

Tab. 17. Pflanzenschutz bei *Calibrachoa* (Fortsetzung)

Schadensursache	Schadbild	Behandlungsmöglichkeit Präparat*)	Wirkstoff	Bemerkungen
Pilzliche Erreger				
Echter Mehltau	weißer mehliger Belag auf Blättern, Stängeln und Blüten	Ortiva®	Azoxystrobin	protektive und systemische Wirkung
		Score®	Difenoconazol	systemische Wirkung
		BioBlatt-Mehltaumittel®	Lecithin	vorbeugend anwenden
				auf ausreichende Luftzirkulation achten, Luftfeuchtigkeit senken
Wurzelbräune (*Thielaviopsis*)	verzögertes Wachstum, vergilben der Blätter, Trockenfäule an den Wurzeln	kein Mittel zugelassen		weniger anfällige Sorten wählen, keine stauende Nässe, Salzkonzentration im Boden möglichst gering halten
Wurzelweichfäule (*Pythium*)	mattgrüne Verfärbung der Blätter, Welkeerscheinungen	Proplant	Propamocarb	alle systemische Wirkung, Aufnahme über die Wurzel
		Previcur® N	Propamocarb	
		Fonganil Gold	Metalaxyl-M	
Stängelgrundfäule (*Phytophthora*)	Fäule am Stängelgrund	Switch®	Cyprodinil + Fludioxonil	systemische und protektive Wirkung
		Rovral®	Iprodion	Tiefenwirkung
		Fonganil Gold	Metalaxyl-M	systemische Wirkung
		Previcur® N	Propamocarb	systemische Wirkung
				Hygienemaßnahmen beachten, trockener kultivieren
Virosen				
Calibrachoa mottle	visuell nicht erkennbar	keine		befallene Pflanzen entfernen
Tobacco mosaic u. a.	Ring- und Linienmuster	keine		befallene Pflanzen entfernen

*) vor Anwendung von Pflanzenschutzmitteln immer Zulassungssituation prüfen und die Mittel auf Pflanzenverträglichkeit testen

Pflanzenschutz
Eine regelmäßige Kontrolle und gegebenenfalls Entfernung von kranken Pflanzen ist wegen der Virusanfälligkeit von großer Bedeutung. Bisher sind acht verschiedene Viren bei *Calibrachoa* identifiziert worden. Teilweise treten nur geringe Symptome auf. Bei auftretenden Nekrosen, chlorotischer Scheckung oder chlorotischen Ringen auf den Blättern ist der Bestand sorgfältig zu kontrollieren und befallene Pflanzen sind zu entfernen. Beißende und saugende Insekten sind sorgfältig zu bekämpfen. Gelb- und Blautafeln sind unerlässlich. Tabelle 17 auf Seite 74 gibt weitere Hinweise zum Pflanzenschutz. Hygienemaßnahmen verhindern sowohl die Ausbreitung von Virosen als auch von *Thielaviopsis basicola* oder *Phytophthora nicotianae*. Zu hohe Salzgehalte im Boden und dauerhafte Nässe im Substrat müssen vermieden werden.

5.5 *Dahlia*, Familie Asteraceae

5.5.1 Heimat

Dahlien stammen aus Mexiko und anderen Gebirgsregionen Zentralamerikas. Etwa 30 Arten sind bekannt. Ihre gute Kreuzbarkeit hat zu einer Vielzahl von Sorten und Sortengruppen beigetragen.

Die Dahlie ist eine Langtagpflanze. Sie induziert bei einer kritischen Tageslänge von 12 Stunden. Die Blütezeit wird in der Heimat jedoch nicht durch die Tageslänge, sondern durch Trocken- und Niederschlagszeiten bestimmt. Die Dahlie gilt heute allgemein als eine fakultative tagneutrale Pflanze. Zur Knollenbildung wird Kurztag benötigt.

5.5.2 Sortiment

Im Spektrum der Beet- und Balkonpflanzen spielen vor allem die niedrigen Sorten eine Rolle. Seit Mitte der 90er-Jahre haben die stecklingsvermehrten Sorten verstärkt an Bedeutung gewonnen. Die Vorteile sind eine große Einheitlichkeit sowie gut gefüllte Blüten bis zum Kulturende. Durch die Nutzung meristemvermehrter Mutterpflanzen gibt es kaum Virusprobleme. Die große Einheitlichkeit, der kompakte Wuchs und die längere Blühdauer der vegetativen Sorten haben die Verwendung der generativ vermehrten Sorten sehr eingeschränkt.

„Micronetta®“ ist eine Serie mit sechs Sorten, alle sind kleinblumig, sehr kompakt, mit kurzen Blütenstielen und stark remontierend. Dadurch ist eine lang anhaltende Reichblütigkeit gewährleistet. Etwas früher blühend, aber ebenfalls sehr kompakt und reichblütig, ist „Dahlstar®“ mit acht Sorten. Diese Serie ist wegen des kompakten Wuchses und der kleinen Blüten auch für einen kleineren Topf geeignet. Die Flächenproduktivität lässt sich so problemlos erhöhen. Stutzen ist nicht erforderlich. Durch gute Regeneration und schnelles Überwachsen der abgeblühten Blüten ist ein Ausputzen nicht erforderlich. Sehr inhomogen in Bezug auf die Blütengröße ist „Dahlinova“. Von klein- bis großblütig sind alle Größen vorhanden, einige kompakte Sorten und mittelgroße Pflanzen bestimmen das Bild. Für eine dauerhafte Blüte und einen guten Gesamteindruck ist regelmäßiges Ausputzen notwendig. Im Gegensatz dazu ist „Dahlietta™“ eine ausgesprochen einheitliche Serie mit großen, gefüllten Blüten und kurzer Kulturzeit von sechs bis acht Wochen. Stutzen ist nicht unbedingt notwendig. Eine einmalige Hemmstoffbehandlung mit Topflor 0,05 bis 0,10 % verbessert die Verkaufsqualität. Früh blühend ist auch „Dalina®“, eine großblumige Serie mit stärkerem Wuchs. Auf Hemmstoffbehandlungen kann nicht verzichtet werden, bei 15 °C ist eine einmalige Spritzung mit Topflor ausreichend. Eine Topfgröße kleiner 10,5 cm kann nicht empfohlen werden. „Floral Star“ ist eine frühe Serie mit kleinen Blüten und kompaktem Wuchs. Anfangs klein und kompakt, entwickelt sie sich auf dem Beet zu kugeligen Pflanzen mit gutem Blütenflor. Ausputzen und Stutzen sind nicht erforderlich, bei niedriger Temperatur ist auch keine Hemmstoffbehandlung notwendig. Bei hohen Temperaturen durch starke Sonneneinstrahlung ist zur Verhinderung von unerwünschtem Streckungswachstum vor dem Verkauf eine Spritzung anzuraten. Zunehmend werden vegetativ vermehrte Dahlien auch für die Bepflanzung von Kübeln verwendet. „Gallery®" und „Karma®" sind dafür gut geeignet. Mit ihren großen dekorativen Blüten und dem etwas stärkeren Wuchs können sie gut in einem größeren Topf (bis 19 cm Durchmesser) produziert werden.

Die wichtigsten samenvermehrten Dahlienserien sind: „Figaro", „Fresco", „Hello" und „Diablo". Die Blüten sind halb gefüllt bis gefüllt. Die einzelnen Sorten der Serien sind in Blütengröße und Pflanzenhöhe sehr unterschiedlich. Auch innerhalb der Sorte ist die Einheitlichkeit in Habitus und Blühverhalten nicht immer gegeben. Das Regenerationsvermögen der Einzelpflanzen ist geringer im Vergleich zu vegetativ vermehrten Sorten.

5.5.3 Kulturführung

Vermehrung

Trieb- oder Kopfstecklinge von ausgewählten Mutterpflanzen werden im Frühjahr in Multizellpaletten oder Jiffys gesteckt. Die Bewurzelung dauert bei 18 bis 20 °C etwa drei Wochen. Danach kann in den Endtopf getopft werden.

Bei generativ vermehrten Sorten erfolgt die Aussaat im Februar oder März bei 18 °C, nach etwa drei Wochen kann in den Endtopf pikiert werden (9- bis 12-cm-Topf). Die Temperatur kann langsam bis auf 15 °C abgesenkt werden. Eine Direktsaat in den Endtopf ist möglich. Dabei werden in der Regel zwei bis drei Korn pro Topf abgelegt.

Substrat

Dahlien haben einen hohen Nährstoffbedarf, reagieren jedoch in der Anfangsphase ihrer Entwicklung empfindlich auf zu hohe Salzkonzentrationen im Substrat. Es empfiehlt sich daher, zum Topfen ein nährstoffärmeres Substrat zu verwenden und auf eine frühzeitige flüssige Nachdüngung zu achten. Der pH-Wert sollte bei 6,0 bis 6,5 liegen.

Topfgröße

Bewurzelte Stecklinge werden in 9- bis 12-cm-Töpfe, je nach Sortengruppe, getopft. Während „Dahlstar®"-Sorten auch für den kleineren Topf geeignet sind, sollte für Sorten der Serie „Gallery®" ein größerer Topf gewählt werden. Wichtig ist, dass die Jungpflanzen tief genug getopft werden, damit sie später stabil im Topf stehen.

Düngung

Bei Verwendung von P-Erden beginnt die Nachdüngung mit einem N-betonten MND schon ein bis zwei Wochen nach dem Topfen. Wöchentliche Gaben von 0,15 % sind ausreichend. Zum Ende der Kultur kann auf einen ausgeglichenen MND umgestellt und die Konzentration auf 0,20 % angehoben werden. Bei Bewässerungsdüngung ist mit 0,05 %iger Konzentration zu beginnen. Eine Steigerung bis auf 0,10 % ist möglich.

Bewässerung

Auf eine regelmäßige Wasserversorgung ist zu achten. Zu starke Schwankungen in der Wasserversorgung können zu Problemen bei der Wurzelentwicklung führen. Längere Trockenphasen sind zu vermeiden, weil sie Wachstumsstockungen und gelbe Blätter verursachen. Langsam angepasstes trockeneres Kultivieren führt zu kompakterem Wuchs. Staunässe darf nicht auftreten, um Wurzelschäden zu vermeiden.

Temperatur

Nach dem Topfen liegt die optimale Temperatur bei 18 °C, nach dem Durchwurzeln kann die Nachttemperatur auf 16 °C gesenkt werden. Niedrigere Temperaturen sind möglich, verzögern jedoch die Pflanzenentwicklung und führen zu sehr kleinen kompakten Pflanzen (siehe Farbtafel S. 60, Abb. 18). Bei anhaltenden Temperaturen unter 16 °C werden bei stecklings-

Tab. 18. Pflanzenschutz bei *Dahlia*

Schadensursache	Schadbild	Behandlungsmöglichkeit Präparat*)	Wirkstoff	Bemerkungen
Tierische Schaderreger				
Blattläuse	helle Saugstellen, Läuse an Triebspitzen, eventuell Honigtau	Calypso®	Thiacloprid	systemische Wirkung
		Pirimor®-Granulat	Pirimicarb	Kontaktwirkung
		Plenum® 50 WG	Pymetrozin	Fraß- und Kontaktwirkung, systemisch
		Florfliege (*Chrysoperla carnea*)		Temperatur > 15 °C
Thripse	helle Einstichstellen an den Blättern	Vertimec®	Abamectin	Fraß- und Kontaktwirkung, Tiefenwirkung
		Mesurol flüssig	Methiocarb	Fraß- und Kontaktwirkung, systemisch
				Blautafeln nutzen
Weiße Fliege	Blattunterseite mit Eiablagen und Larvenstadien, Blätter vertrocknen, Verschmutzung durch Honigtau	Nomolt	Teflubenzuron	Fraß- und Kontaktwirkung
		Plenum® 50 WG	Pymetrozin	Fraß- und Kontaktwirkung, systemisch
		Vertimec®	Abamectin	Fraß- und Kontaktwirkung, Tiefenwirkung
		MICULA®	Rapsöl	nicht bei Sonne spritzen
		Schlupfwespe (*Encarsia formosa*)		
				Gelbtafeln nutzen, 1 Tafel auf 20 m^2
Minierfliege	kleine weißliche Einstichstellen in den Blättern, später bräunliche Fraßgänge sichtbar	Vertimec®	Abamectin	Fraß- und Kontaktwirkung, Tiefenwirkung
		NeemAzal-T/S®	Azadirachtin Neem	Fraß- und Kontaktwirkung, systemisch
		Schlupfwespe (*Dacnusa sibirica*)		
				erste befallene Blätter sofort entfernen, Unkraut entfernen, Mittel auf Pflanzenverträglichkeit prüfen, Gelbtafeln nutzen

Tab. 18. Pflanzenschutz bei *Dahlia* (Fortsetzung)

Schadensursache	Schadbild	Behandlungsmöglichkeit Präparat*)	Wirkstoff	Bemerkungen
Tierische Schaderreger				
Blattwanzen	kleine Saugstellen, Blätter und junge Triebe verkrüppelt	Perfektion	Dimethoat	systemische Wirkung
		Spruzid® Neu	Pyrethrine + Rapsöl	nicht bei Sonne
Pilzliche Erreger				
Echter Mehltau	weißer mehliger Belag auf Blättern, Stängeln und Blüten	Ortiva®	Azoxystrobin	protektive Wirkung
		Score®	Difenoconazol	systemische Wirkung
		BioBlatt-Mehltaumittel®	Lecithin	vorbeugend anwenden
				auf ausreichende Luftzirkulation achten, Luftfeuchtigkeit senken
Grauschimmel (*Botrytis cinerea*)	Faulstellen an Blättern und Blüten	Teldor®	Fenhexamid	Kontaktwirkung, hinterlässt leichte Spritzflecken
		Rovral®	Iprodion	Kontakt- und Tiefenwirkung
Wurzelfäule (*Pythium*)	an Wurzel- und Stängelgrund Weichfäule, vorrangig im Jungpflanzenstadium	Proplant	Propamocarb	alle systemische Wirkung, Aufnahme über die Wurzel
		Previcur® N	Propamocarb	
		Fonganil Gold	Metalaxyl-M	
Stängelgrundfäule (*Rhizoctonia*)	Fäule am Stängelgrund, Verformung an jungen Trieben	Switch®	Cyprodinil + Fludioxonil	systemische Wirkung
		Rovral®	Iprodion	Kontakt- und Tiefenwirkung
		Fonganil Gold	Metalaxyl-M	systemische Wirkung
		Previcur® N	Propamocarb	systemische Wirkung
				Hygienemaßnahmen beachten, trockener kultivieren
Virosen				
Dahlienmosaik-Virus	Blätter gelblich grün gescheckt, Blüten verkümmert	keine		befallene Pflanzen entfernen

*) vor Anwendung von Pflanzenschutzmitteln immer Zulassungssituation prüfen und die Mittel auf Pflanzenverträglichkeit testen

vermehrten Sorten vermehrt Knollen gebildet. Hohe Temperaturen fördern ein verstärktes Wachstum. Die Pflanzen werden locker im Aufbau und anfällig gegenüber Krankheiten. Steigt die Temperatur über 25 °C, bei einer gleichzeitigen Tageslänge unter 16 Stunden, trocknen die Blüten ein. Ab Mitte bis Ende März kann die Temperatur ohne Probleme auf 12 bis 15 °C gesenkt werden.

Licht

Topf-Dahlien sollen so hell wie möglich bei voller Sonne kultiviert werden. Lediglich unmittelbar nach dem Topfen kann bei starker Sonneneinstrahlung schattiert werden. Da Dahlien zu den lichtbedürftigen Pflanzen zählen, hat das Licht einen stärkeren Einfluss auf Wachstum und Qualität als die Temperatur. Dieses gilt vor allem für einen kompakteren Habitus. Tageslängen von 13 bis 15 Stunden führen zu einem kompakten Pflanzenaufbau und einem guten Blütenansatz. Um Zusatzlicht zu vermeiden, sollte daher erst in Woche 8 mit der Kultur begonnen werden. Werden stecklingsvermehrte Sorten unter 12 Stunden Tageslänge kultiviert, verzweigen sie schlechter, unter 9 Stunden überhaupt nicht mehr. Außerdem bleiben die Blätter kleiner und die Pflanzen insgesamt zu klein.

Stutzen

Stecklingsvermehrte Sorten müssen nicht unbedingt gestutzt werden. Sie bilden auch ohne Stutzen bzw. Pinzieren bereitwillig Seitentriebe. Bei kleineren Töpfen sollte auf diese Kulturmaßnahme auf jeden Fall verzichtet werden. Die Blüte verzögert sich durch Stutzen um fünf bis sieben Tage. Bei der Produktion von größerer Ware kann Stutzen eine unterstützende Maßnahme für eine zügigere Seitentriebentwicklung sein. Die Sortenspezifik ist zu beachten.

Wachstumsregulatoren

Bei richtiger Kulturführung bleiben die Pflanzen von Natur aus kurz. Eine Hemmstoffbehandlung ist nicht erforderlich. Unter lichtarmen Bedingungen oder zu hohen Temperaturen kann das Streckungswachstum mit Topflor bis 0,1 % gehemmt werden.

Platzbedarf

Für eine optimale Qualität sind im Endstand nicht mehr als 25 bis 30 Töpfe/m² aufzustellen. Engerer Stand führt zu hohen, von unten wenig bestockten Pflanzen. Im 9-cm-Topf sind auch 40 Pflanzen/m² möglich.

Kulturdauer

Topf-Dahlien haben eine sehr kurze Kulturzeit. Je nach Jahreszeit, muss bei einem Topftermin im Februar mit sieben bis acht Wochen Kulturdauer gerechnet werden. Bei einem Topftermin im März verkürzt sich die Zeit vom Topfen bis zum Verkaufstermin auf etwa sechs Wochen.

Bei stecklingsvermehrten Sorten ist ein satzweiser Anbau von Woche 8 bis Woche 28 möglich.

Pflanzenschutz

Auftretende Krankheiten und Schädlinge sind Virosen, *Botrytis*, Echter Mehltau, Spinnmilben und Thripse. Vorbeugende Hygienemaßnahmen und regelmäßige Bestandskontrollen sind unerlässlich (siehe Tab. 18, Seite 78).

5.6 *Diascia*, Familie Scrophulariaceae

5.6.1 Heimat

Beheimatet in den Gebirgen des südlichen Afrika, gehören etwa 50 Arten zu dieser Gattung. Die Wuchsform kann recht verschieden sein, von aufrecht bis niederliegend. Auch die Blattform ist sehr vielfältig. Die lang anhaltende Blühphase macht diese Gattung so beliebt. In geschützten Lagen sind einige Sorten auch unter unseren klimatischen Bedingungen winterhart.

5.6.2 Sortiment

Das Sortiment ist vielfältig, von eher aufrecht wachsenden Wuchstypen bis zu stark hängenden Sorten ist alles vorhanden. Das Farbspektrum reicht von Weiß über Rosa, Lachs und Orange bis Rot. Einige Sorten zeichnen sich durch einen besonders kompakten Wuchs aus, z. B. 'Little Lover® Little Dreamer'. Ihr kissenähnlicher Wuchs, die große Reichblütigkeit, die kurzen Triebe und das sehr gute Regenerationsvermögen prädestiniert diese Sorte besonders für die Beetbepflanzung. Die derzeit größten Blüten haben die Sorten 'Genta® Appleblossom', 'Genta® Mango', 'Breeze™ Apricot' (P), 'Miracle Carmine' (P) (siehe Farbtafel S. 60, Abb. 19), 'Divara Rose', 'Divara Orange', 'Darla® Pink' (P) und 'sel® Piccadilly™ Dark Pink' (P). Die kräftig dunkelroten Blüten von 'Miracle Carmine' (P) und 'Flying Colors® Upright Red' (P) bereichern das Farbspiel in dieser Gattung. Waren in den ersten Jahren Einzelsorten bestimmend, sind heute mehr als zehn Serien auf dem Markt. Daran wird die rasante Entwicklung dieser Gattung deutlich. Die wichtigsten Serien sind: „Flying Colors®", „Miracle", „sel® Piccadilly™", „Breeze™", „Divara" (siehe Farbtafel S. 60, Abb. 20), „Darla®", „Elfjes®" und „Genta®" (siehe Farbtafel S. 60, Abb. 21).

Bei Verwendung als Ampelpflanzen ist bei *Diascia* auch über den Sommer auf eine gleichmäßige, nicht zu nasse Kulturführung zu achten. Die meisten Sorten eignen sich sehr gut für Ampeln, einige wachsen jedoch eher aufrecht und sollten daher bevorzugt für die Beetbepflanzung Verwendung finden. Grundsätzlich sind alle Dias-

Tab. 19. *Diascia* – Empfehlungen für Rückschnitt im Juli

Nicht erforderlich	Erforderlich	Sinnvoll
'Darla® Red'	'Breeze™ Brilliant Coral' (P)	'Breeze™ Apricot' (P)
'Diamonte Apricot'	'Darla® Deep Salmon' (P)	'Divara Orange'
'Elfjes® Malou'	'Divara Rose'	'Little Lover® Little Dreamer'
'Flying Colors® Roccoco'	'Elfjes® Jiggle'	'Miracle Carmine' (P)
'Flying Colors® Trailing Lavender' (P)	'Genta® Antique Red'	'sel® Piccadilly™ Pink' (P)
'Flying Colors® Upright Apricot'	'Genta® Dark Coral'	'sel® Piccadilly™ Red' (P)
'Flying Colors® Upright Red' (P)	'Little Lover® Little Ruby'	'sel® Piccadilly™ Salmon' (P)
'Genta® Appleblossom'	'Orange Miracle Improved'	'ShowGirl® Coral Belle'
'Genta® Orange'	'sel® Piccadilly™ Appleblossom' (P)	'ShowGirl® Peach Sorbet'
'Genta® Pink'	'Wink™ Strawberry Improved'	'Wisper™ Apricot Improved'
'Genta® Salmon'	'Wisper™ Coral Dark'	'Wisper™ White'
'Red Desert' (S)		
'sel® Piccadilly™ Dark Pink' (P)		
'ShowGirl® Coral Belle'		
'ShowGirl® Peach Sorbet'		
'Sweet Cherry'		

cien für die Pflanzung auf Beeten geeignet. Für einige Sorten wird allerdings zur Verbesserung des Gesamteindruckes ein Rückschnitt Mitte Juli empfohlen (siehe Tab. 19, Seite 81). Schon nach wenigen Wochen stehen die Pflanzen wieder in voller Blüte, wobei das Regenerationsvermögen der einzelnen Sorten sehr unterschiedlich ist. Viele Diascien-Sorten sind enorme Dauerblüher und erreichen von Juni bis September eine sehr gute Reichblütigkeit. Diese ist in der Regel auf dem Beet größer als in der Ampel, vermutlich eine Folge der gleichmäßigeren Wasserverfügbarkeit. Auch die Blüten waren bei Beetpflanzung deutlich größer, beispielsweise 'Genta® Appleblossom' mit 2,2 cm in der Ampel und 3 cm auf dem Beet, um zwei Extreme zu nennen. Eine interessante Neuheit ist 'Flying Colors® Roccoco' mit gewellten Blütenblättern. Die Blütenfarbe ist hellrosa, Blütenrand und Blütenmitte sind etwas dunkler gefärbt. Die Sorte wächst sehr kompakt mit kurzen Trieben und zeigt ein gutes Regenerationsvermögen. Für die Ampel erscheint 'Flying Colors® Roccoco' etwas zu schwachwüchsig, ist aber zur Verwendung in gemischter Gefäßbepflanzung oder auf dem Beet gut geeignet.

5.6.3 Kulturführung

Vermehrung

Die meisten Sorten werden durch Stecklinge vermehrt, vereinzelt ist auch eine Vermehrung durch Aussaat möglich. Die Bewurzelung erfolgt bei 20 °C und dauert etwa zwei Wochen. Die Stecklinge werden im Tuff in Multicell-Paletten gesteckt und unmittelbar nach dem Bewurzeln gestutzt, sodass zum Teil bereits einmal gestutzte Jungpflanzen ausgeliefert werden.

Generative Sorten können im Februar ausgesät und nach etwa drei Wochen getopft werden. Sinnvoll ist eine Aussaat im Tuff oder das Topfen von mehreren Pflanzen in einen Topf oder in die Ampel. Eine Anzucht in Packs für die Beetbepflanzung ist gut möglich.

Substrat

Das Substrat sollte gut wasserdurchlässig sein, um Wurzelschäden durch Staunässe zu vermeiden. Einheitserden oder Torfkultursubstrate mit mittlerer Nährstoffversorgung haben sich bewährt. Wegen des hohen Eisenbedarfs kann auch ED 73 mit Optifer verwendet werden. Zu achten ist auf eine gute Strukturstabilität und einen pH-Wert von 5 bis 6.

Topfgröße

Diascia haben eine kurze Kulturzeit. Für eine schnelle Kultur von etwa vier Wochen kann ein 9-cm-Topf Verwendung finden. Bei Kulturbeginn in Woche 9 und früher sollte die Topfgröße mindestens 10,5 cm betragen, auch 13-cm-Töpfe sind möglich. Für die Ampelproduktion ist es sinnvoll, sofort aus den Anzuchtpaletten in die Ampelgefäße zu topfen. In ein 25-cm-Ampelgefäß werden drei bis vier Jungpflanzen getopft, in eine 30-cm-Ampel mindestens fünf Pflanzen.

Düngung

Nach dem Durchwurzeln ist wöchentlich mit einem ausgeglichenen MND (0,2 %) zu düngen. Je nach Aufdüngung des Topfsubstrates wird nach zwei bis vier Wochen mit der Nachdüngung begonnen. Ein Schnelltest zur Bestimmung des EC-Wertes im Substrat ist empfehlenswert. Bei Bewässerungsdüngung sollte die Konzentration je nach Häufigkeit der Wassergaben auf 0,08 % verringert werden. Auftretende Eisenmangelchlorosen können mit Sequestren oder Optifer behoben werden. Die Verwendung von ED 73 mit Optifer verhindert bei sachgerechter Bewässerung Eisenmangelerscheinungen.

Bewässerung

Diascien müssen recht trocken kultiviert werden, denn sie haben einen geringen Wasserbedarf. Das Substrat soll feucht sein, stauende Nässe wird nicht vertragen. Zu hohe Wassergaben führen zu Wurzelerkrankungen und Blattvergilbungen und damit zu Wachstumsstockungen. Gerade zu Kulturbeginn benötigen die zarten

Tab. 20. Pflanzenschutz bei *Diascia*

Schadensursache	Schadbild	Behandlungsmöglichkeit Präparat*)	Wirkstoff	Bemerkungen
Tierische Schaderreger				
Thripse	helle Einstichstellen an den Blättern	Vertimec®	Abamectin	Fraß- und Kontaktwirkung
		Mesurol flüssig	Methiocarb	Fraß- und Kontaktwirkung, systemisch
				Blautafeln nutzen
Minierfliege	kleine weißliche Einstichstellen in den Blättern, später bräunliche Fraßgänge sichtbar	Vertimec®	Abamectin	Fraß- und Kontaktwirkung
		NeemAzal-T/S®	Azadirachtin Neem	Fraß- und Kontaktwirkung, systemisch
		Schlupfwespen (*Dacnusa sibirica*)		
				erste befallene Blätter sofort entfernen, Unkraut entfernen, Mittel auf Pflanzenverträglichkeit prüfen, Gelbtafeln nutzen
Pilzliche Erreger				
Grauschimmel (*Botrytis cinerea*)	Faulstellen an Blättern und Blüten	Teldor®	Fenhexamid	Kontaktwirkung, hinterlässt leichte Spritzflecken
		Rovral®	Iprodion	Kontakt- und Tiefenwirkung
Wurzelfäule (*Pythium*)	an Wurzel- und Stängelgrund Weichfäule, vorrangig im Jungpflanzenstadium	Proplant	Propamocarb	alle systemische Wirkung, Aufnahme über die Wurzel
		Previcur® N	Propamocarb	
		Fonganil Gold	Metalaxyl-M	
Stängelgrundfäule (*Phytophthora*)	Fäule am Stängelgrund, Verformung an jungen Trieben	Switch®	Cyprodinil + Fludioxonil	systemische Wirkung
		Rovral®	Iprodion	Kontakt- und Tiefenwirkung
		Fonganil Gold	Metalaxyl-M	systemische Wirkung
		Previcur® N	Propamocarb	systemische Wirkung
				Hygienemaßnahmen beachten, trockener kultivieren
Virosen				
Tobacco mosaic, Tymoviren u. a.	Chlorosen, lila Flecken auf den Blättern, später Nekrosen und Absterben ganzer Triebe	keine		befallene Pflanzen entfernen

*) vor Anwendung von Pflanzenschutzmitteln immer Zulassungssituation prüfen und die Mittel auf Pflanzenverträglichkeit testen

Pflanzen nur wenig Wasser. Auch im weiteren Kulturverlauf werden Diascien oft zu häufig gewässert.

Temperatur

Nach dem Topfen sind für ein bis zwei Wochen Temperaturen von 16 bis 18 °C zu gewährleisten, danach ist eine Heiztemperatur von 12 °C ausreichend. Zu beachten ist, dass mit sinkender Temperatur der schon geringe Wasserbedarf noch weiter sinkt. Diascien reagieren sehr positiv auf negativ Diff und Drop. Durch diese Temperaturstrategien wird der Pflanzenaufbau verbessert. Der Einsatz von Hemmstoffen ist dann nicht erforderlich. Hohe Temperaturen und ein geringes Lichtangebot führen zu langen dünnen, wenig verzweigten Trieben. Auf einen Hemmstoffeinsatz kann bei dieser Kulturführung nicht verzichtet werden.

Licht

Diascien benötigen volles Licht. Für ein zügiges und optimales Wachstum darf nicht schattiert werden. Bei sehr frühem Topftermin kann durch Assimilationslicht die Kulturzeit verkürzt werden. Aus wirtschaftlichen Gründen ist Zusatzlicht nicht empfehlenswert.

Stutzen

Die Jungpflanzen werden in der Regel gestutzt ausgeliefert. Eine Woche nach dem Topfen sollte für eine bessere Bestockung nochmals gestutzt werden.

Wachstumsregulatoren

Für die meisten Sorten ist die Behandlung mit Hemmstoffen nicht erforderlich, wenn mit Temperaturstrategien wie negativ Diff und Drop kultiviert wird. Bei sehr warmer Kulturführung und/oder sehr stark wachsenden Sorten, wie 'Red Ace', ist zwei Wochen nach dem Stutzen eine Behandlung mit Topflor 0,05 % oder Caramba 0,05 % empfehlenswert. Regalis® ist für Diascien nicht geeignet. Die Häufigkeit der Behandlung ist von Sorte, Temperaturführung und Lichtangebot abhängig. Mit CCC 720 wird oft nicht die gewünschte gleichmäßige Wuchshemmung erreicht.

Platzbedarf

Der Platzbedarf ist abhängig von der Topfgröße und reicht von 50 Pflanzen/m^2 beim 9-cm-Topf, über 25 bis 35 Pflanzen/m^2 im 11-cm-Topf bis zu 20 bis 25 Pflanzen/m^2 im 13-cm-Topf. Vor allem die stärker wachsenden Sorten benötigen einen ausreichenden Standraum für eine gute Qualität. Wegen des hohen Lichtbedarfs sollte nicht zu eng kultiviert werden. Die Pflanzen bestocken sich dann nur ungenügend und bilden lange Triebe.

Kulturdauer

Diascia haben eine kurze Kulturzeit. Der Blühbeginn liegt, je nach Sorte und Jahreszeit, zwischen vier und sechs Wochen nach dem Stutzen. *Diascia* können für eine Kurzkultur mit Topftermin in Woche 9 bis 11 empfohlen werden. Niedrige Anzuchttemperaturen von 12 °C verzögern die Blüte um drei bis fünf Tage. Bei sehr frühem Topftermin (Januar/Februar) kann das Wachstum durch kühle Temperaturführung gebremst werden.

Pflanzenschutz

Bei unsachgemäßer Bewässerung kann es, besonders bei ungünstigen Lichtverhältnissen, zu Fäulnis am Stängelgrund kommen. Bei Staunässe treten leicht *Pythium* und *Rhizoctonia* auf. Auch *Botrytis* ist bei hoher Luftfeuchtigkeit und geringer Luftbewegung nicht auszuschließen. Regelmäßige Kontrollen auf Läuse, Weiße Fliege, Minierfliege und Thripse ist erforderlich (siehe Tab. 20, Seite 83).

5.7 *Fuchsia* Cultivars, Familie Onagraceae

5.7.1 Heimat

Es gibt etwa 100 Fuchsienarten. Es sind laubabwerfende oder immergrüne Bäume und Sträucher, selten Stauden. Beheimatet sind sie in Süd- und Mittelamerika vor allem in bzw. am Rande von Gebirgswäldern um den Äquator, oft in großen Höhen bis 3000 m. Einige Arten kommen auch auf den westindischen Inseln vor, andere gelangten nach Tahiti und Neuseeland. Aufgrund ihrer morphologischen Merkmale werden sie in eine Vielzahl von Sektionen gegliedert. Für die gärtnerische Produktion spielen vor allem Hybriden eine Rolle. Reine Arten sind selten und haben nur Liebhaberwert. *F. magellanica*, aus Südchile und Argentinien stammend, ist wohl die frosthärteste Art. Sie wird als winterharte Fuchsie angeboten, ist in unseren Breitengraden jedoch nur bedingt frosthart. *F. triphylla* kommt ursprünglich vermutlich aus Tahiti. Viele Kreuzungen sind mit dieser Art erfolgt. Einige Sorten mit ihren langröhrigen Blüten zeugen davon. Die Sorten gehören zu den traubenblütigen Fuchsien. Ebenfalls zu dieser Untergruppe wird *F. fulgens* gerechnet. Aus Mexiko stammend, kommt sie dort in einer Höhe von 700 m vor. Fuchsien können nicht als tropische Pflanzen eingeordnet werden. An ihren natürlichen Standorten kommen sie oft an hellen Gebirgshängen vor. Sie wachsen dort bei mäßiger Temperatur, hoher Luftfeuchtigkeit sowie hoher Lichtintensität ohne direkte Sonneneinstrahlung.

Die Züchtung der *Fuchsia* hat eine lange Tradition, Aufzeichnungen gibt es seit 1832. Schätzungen zufolge gibt es etwa 10 000 Sorten, kommerziell relevant sind davon höchstens 10 %.

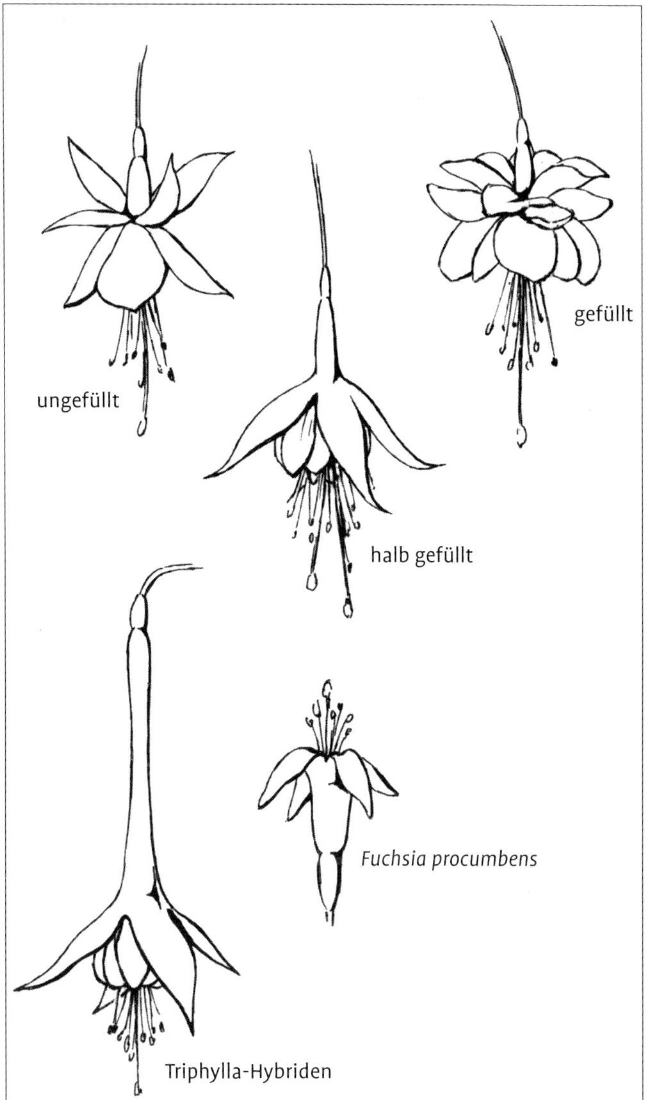

Abb. 15. Blütenformen von *Fuchsia* (nach BARTHLOTT 1999).

5.7.2 Sortiment

Die Vielfalt im Sortiment ist groß. Von kleinen dunkelgrünen bis großen graugrünen Blättern, von kahl bis behaart, alles lässt sich finden. Neben Größe und Farbenvielfalt ist auch die Anordnung der Blüten sehr unterschiedlich. Die meisten Blüten hängen einzeln oder in Trauben (*Triphylla*-Sorten). Nur bei *F. procumbens* stehen die Blüten aufrecht (siehe Abb. 15).

Bei grober Untergliederung des Sortimentes wird entsprechend dem Verwendungszweck von stehenden und hängenden Fuchsiensorten gesprochen. Eine Einteilung nach der Lichtreaktion kann für die Produktion Hinweise zur Kulturführung geben. So wird zwischen Sorten mit Langtagbedürfnis und tagneutralen Sorten unterschieden. Wichtig sind auch Hinweise zur Wüchsigkeit. Einerseits gibt es im heutigen Sortiment noch ganz alte Sorten, wie 'Beacon' oder 'Tom West', andererseits erweitern jährlich neue Sorten das Angebot. Aufgrund ihrer Herkunft sind lang andauernde Hitzeperioden für Fuchsien nicht besonders günstig. Die Blühwilligkeit wird unter solchen Bedingungen stark eingeschränkt. Die meisten Sorten werden für den Halbschatten empfohlen. Auch sonnige Standorte sind möglich. Auf eine gleichmäßige Feuchte im Boden oder Gefäß ist dann unbedingt zu achten. Hilfreich für gute Blühleistungen kann auch ein Besprühen der Blätter sein, um die Luftfeuchtigkeit zu erhöhen. Bei starkem Samenansatz müssen diese zur Verlängerung des Blütenflors entfernt werden. Bei der Sortimentsfülle kann nur auf einige wenige Sorten hingewiesen werden.

Stehende Sorten

Neben einigen alten Sorten, wie 'Beacon Rosa', 'Beacon Rot-Blau' oder 'Lady Thumb', die sich noch immer großer Beliebtheit erfreuen, gibt es eine Vielzahl neuer Sorten und Serien. Für den frühen Verkauf sind vor allem die tagneutralen Sorten von Bedeutung.

'Minuet' ist dieser Gruppe zuzuordnen. Sie hat eine Kulturzeit von acht Wochen, blüht bei entspechendem Kulturbeginn bereits im April, ein Stutzen ist nicht erforderlich. Optimal ist eine Topfgröße von 9 bis 10 cm, eine Anzucht in Packs ist ebenfalls möglich. Die Sorten der Serie „Diva®" werden etwas größer, verzweigen sich sehr gut und sind im Habitus kompakt. Bei den meisten Sorten kann auf das Stutzen verzichtet werden. Die Serie blüht früh, hat bei 15 °C eine Kulturzeit von etwa zehn Wochen. Die Sorten innerhalb der Serie sind recht uniform in Wuchs und Blühbeginn. „Shadow Dancer™"-Sorten sind früh blühend, kompakt, gut verzweigt und tagneutral. 'Walz Jubelteen' (S) ist eine aufrechte Sorte, die bereits im ersten Jahr mit einer Höhe von 70 cm zu einer attraktiven, reichblütigen Kübelpflanze heranwächst. Das hellgrüne, samtige Laub ist sehr dekorativ.

Hängende Sorten

„Windchimes®"-Sorten sind die hängende Ergänzung zu „Diva®" und lassen sich problemlos zusammen kultivieren. 'Tom West', eine alte Sorte mit zweifarbigem Laub und attraktiven Blüten, blüht unter natürlichen Bedingungen sehr spät. Eine frühere Blüte ist nur mit Zusatzlicht (Langtag) möglich. Gleiches gilt für 'Marinka', eine rot/rote Sorte mit normaler Blütengröße.

***Triphylla*-Sorten**

'Insolinda' und 'Koralle' sind zwei bewährte Fuchsiensorten mit auffallenden Blüten. Durch ihre Wüchsigkeit eignen sie sich besonders für die Verwendung als Kübelpflanzen.

Generative Sorten

'Fuseedia F_1' ist als generative Sorte auf dem Markt. Durch die lange Kulturzeit, den zarten Wuchs und die ungleichmäßige Entwicklung ist sie jedoch keine Alternative zu dem breiten vegetativen Sortiment.

Fuchsien werden, je nach Sorte, als Topfware in unterschiedlichen Größen (9- bis 19-cm-Topf), in Ampeln oder als Hochstämmchen angeboten.

5.7.3 Kulturführung

Vermehrung

Die Vermehrung erfolgt bis auf wenige Ausnahmen (vgl. Sortiment) durch Stecklinge, die von gesunden Mutterpflanzenbeständen geschnitten werden. Die Stecklinge sollen zwei bis vier Blattpaare haben. Bei der Vermehrung ist auf eine hohe Luftfeuchtigkeit zu achten. Günstig ist der Einsatz von Nebelanlagen in den ersten Tagen nach dem Stecken. Eine Abdeckung mit Lochfolie ist ebenfalls möglich. Bei starker Sonneneinstrahlung besteht allerdings die Gefahr von Verbrennungen unter der Folie. Mit beginnender Wurzelbildung ist die Folie zu entfernen. Gesteckt wird in Multitopfplatten unterschiedlicher Größe. Fast alle Jungpflanzenunternehmen haben inzwischen eigene Systeme mit unterschiedlicher Zellengröße und individuellen Jungpflanzenpreisen entwickelt. Die Vermehrung ist ganzjährig möglich, erfolgt jedoch, entsprechend Bedarf, hauptsächlich in der lichtschwachen Jahreszeit. Beim Einsatz von Assimilationslicht zur Unterstützung der Bewurzelung ist zu beachten, dass die meisten

Sorten Langtagpflanzen sind. Zusatzlicht darf nur am Tag und nicht als Tagverlängerung gegeben werden. Eine frühzeitige Induktion wäre bei anderem Belichtungsregime, z. B. durch Tagverlängerung oder Nachtunterbrechung, die Folge. Die Bewurzelung dauert zwei bis drei Wochen. Zur Unterstützung einer gleichmäßigen Wurzelbildung können Bewurzelungshormone hilfreich sein. Das Bewurzelungspuder darf dabei nur an die Schnittfläche gelangen. In der Vermehrung muss durchgängig eine Temperatur von 18 bis 20 °C realisiert werden. Nach erfolgter Wurzelbildung kann diese auf 16 °C abgesenkt werden.

Substrat

Bei der Substratwahl ist die relativ hohe Salzempfindlichkeit in den ersten Wochen nach dem Topfen zu beachten. Für die Vermehrung ist grundsätzlich ein nur schwach aufgedüngtes Torfsubstrat zu verwenden. Beim Topfen ist bei Jungpflanzen aus sehr kleinen Multizellplatten und in der lichtschwachen Jahreszeit bis etwa Februar besser ein P-Substrat zu wählen, bei etwas größeren Topfballen oder für späte Sätze kann auch ein Topfsubstrat mit mittelstarker Aufdüngung verwendet werden. Stark aufgedüngte Substrate mit sofort verfügbaren Nährstoffen sollten vermieden werden. Ein nährstoffärmeres Substrat zum Zeitpunkt des Topfens und eine gleichmäßige Nachdüngung zu einem späteren Entwicklungsstadium der Pflanzen sind günstiger. Der pH-Wert soll 5,5 bis 6,5 betragen. Eine gute Strukturstabilität und ein hohes Porenvolumen begünstigen das Wachstum. Ein geringer Tonanteil verhindert das zu schnelle Austrocknen des Substrates und ist somit förderlich. Zu hohe Tonanteile können zu Verdichtungen des Substrates führen und sind nicht immer qualitätsfördernd.

Topfgröße

Je nach Wüchsigkeit der Sorte und dem Topftermin, kann in 9- bis 12-cm-Töpfe kultiviert werden. Hängende Sorten können auch sofort in Ampelgefäße getopft werden. Dafür sind drei bis fünf Jungpflanzen je nach Ampelgröße (25- bis 30-cm Durchmesser) erforderlich.

Düngung

Bei der Düngung ist die anfängliche Salzempfindlichkeit zu beachten. Andererseits gehören die Fuchsien zu den mittelstark zehrenden Kulturen. Eine zu niedrige Ernährung wirkt sich negativ auf Wachstum und Blühleistung aus. Bei Verwendung von P-Substrat beim Topfen kann zwei Wochen nach dem Topfen mit regelmäßiger Nachdüngung begonnen werden. Bei wöchentlicher Düngung empfiehlt sich ein ausgeglichener MND von 0,1 %, bei Bewässerungsdüngung in einer Konzentration von 0,05 bis 0,08 %. Nach Durchwurzelung des Topfballens kann die Konzentration leicht erhöht werden. Mit beginnender Induktion ist ein Wechsel zu PK-betontem Dünger vorteilhaft. Bei Auftreten von Eisenmangel sind mit dem Flüssigdünger Eisenchelate zu verabreichen.

Bewässerung

Nach dem Topfen ist zur Anregung des Wurzelwachstums nur mäßig zu gießen, um das Porenvolumen des Substrates nicht vollständig mit Wasser zu füllen. Danach soll der Ballen stets gut feucht sein, um ein Verhärten der Pflanzen zu verhindern. Stauende Nässe wird jedoch nicht vertragen. Mit beginnender Induktion, ab Mitte März bis April bzw. zwei bis drei Wochen nach Belichtungsbeginn (siehe Licht), unterstützt eine trockenere Kulturführung die Blütenbildung. In der Endphase ist eine ausreichende Wasserversorgung erforderlich, um Knospenfall zu vermeiden. Fuchsien sollten möglichst nicht von oben gegossen bzw. gedüngt werden. Blattverbrennungen und Pilzbefall können die Folge sein. Wegen der Salzempfindlichkeit der Fuchsien muss besonders auf die Gießwasserqualität geachtet werden. Wasser mit einem Salzgehalt von > 600 mg/l ist für Fuchsien nicht geeignet.

Temperatur

Nach dem Topfen sind für zwei Wochen 16 bis 18 °C erforderlich. Danach kann die

Temperatur sorten- und lichtabhängig auf 12 bis 15 °C abgesenkt werden. Bei hoher Lichtintensität kann sie bis auf 25 °C ansteigen. Bei niedriger Nachttemperatur ist das eintretende Streckungswachstum zu beachten. Fuchsien reagieren auch gut auf Diff und Drop. Die Anzahl der Hemmstoffanwendungen kann dadurch reduziert werden. In der Belichtungsphase sind für viele Sorten die Tag-/Nachttemperaturen nicht unter 15 °C abzusenken, einzelne Sorten vertragen auch 12 °C. Bei zu niedriger Temperatur wird der durch die Belichtung erzielte Effekt der Blühverfrühung wieder aufgehoben. In Extremfällen kann es sogar trotz Zusatzlicht zu einer Blühverzögerung kommen.

Licht

Die meisten Fuchsiensorten sind Langtagpflanzen. Dabei wird zwischen qualitativen (obligaten) und quantitativen (fakultativen) Langtagpflanzen unterschieden. Erstere benötigen für die Blüteninduktion zwingend eine Tageslänge von 12 bis 14 Stunden, Letztere sind bei ausreichend vegetativem Wachstum auch bei Tageslängen unter 12 Stunden in der Lage, Blüten zu induzieren. Die dritte Gruppe bilden die tagneutralen Sorten. Bei diesen Sorten hat die Tageslänge keinen Einfluss auf die Blüteninduktion. Für die Belichtung der Langtagpflanzen ist photoperiodisches Licht in einer Stärke von 100 bis 200 lx (entspricht je nach Lampentyp 10 bis 25 W/m²) ausreichend. Mit der Belichtung sollte nicht vor Anfang Februar begonnen werden, im Januar ist die Intensität des natürlichen

Tab. 21. Sortenspezifische Kulturführung bzw. -maßnahmen bei Fuchsien

Sorte	Kulturmaßnahme	Wachstums-regler	Geeignete Tagesmitteltemperatur (TMT) für die Produktion in °C 12	14	16	18
'Walz Jubelteen' (S)	Stutzen		–	ja	ja	ja
	Hemmstoff-behandlung	ohne	–	nicht möglich	nicht möglich	nicht möglich
		Topflor	–	mittlerer Bedarf	mittlerer Bedarf	hoher Bedarf
		CCC 720	nur bedingt geeignet			
		Caramba	nicht zu empfehlen			
		Regalis®	nicht zu empfehlen			
	negativ Diff und Drop			ja	ja	nur Drop*)
'Minuet'	Stutzen		nein	nein	nein	nein
	Hemmstoff-behandlung	ohne	ja	ja	ja	ja
		Topflor	nein	nein	nein	nein
		CCC 720	nur bedingt geeignet			
		Caramba	nicht zu empfehlen			
		Regalis®	nicht zu empfehlen			
	negativ Diff und Drop		–	ja	ja	nur Drop*)

*) bei 18 °C TMT negativ Diff aus energetischen/wirtschaftlichen Erwägungen nicht zu empfehlen, aus pflanzenbaulicher Sicht möglich

Tageslichtes noch zu gering. Ab 25. März herrscht natürlicher Langtag. Eine Belichtung über diesen Termin hinaus ist daher nicht sinnvoll. Die zu belichtenden Pflanzen sollen im Endtopf stehen, gestutzt sein (sortenspezifisch) und einen Durchtrieb von 3 bis 4 cm Länge haben. Die Belichtung erfolgt als Nachtunterbrechung beginnend um 22.00 Uhr, ab Anfang Februar für vier Stunden, Mitte Februar bis Anfang März für drei Stunden, Anfang bis Ende März für zwei Stunden. Für eine bessere Seitentriebbildung kann die Belichtung nach zwei Wochen für eine Woche unterbrochen werden. Die genetisch bedingte Frühzeitigkeit kann durch die Belichtung nicht aufgehoben werden. So blühen nach Belichtung frühe Sorten vor Sorten mit einem natürlichen späten Blühtermin. In der Regel kommen einfach blühende Sorten früher zur Blüte als gefüllt blühende Sorten. Das ist beim Beginn der Belichtung zu beachten, wenn ein einheitlicher Verkaufstermin geplant wird. Einige Sorten bilden durch das Zusatzlicht unerwünschte lange Seitentriebe aus. Es ist im Einzelfall zu testen, welche Sorte sich für welche Kulturführung am besten eignet.

Stutzen

In der Regel wird weich entspitzt (nur Entfernen des Vegetationskegels) wenn drei bis vier Blattpaare entwickelt sind. Zu tiefes Stutzen führt zu Pflanzen mit schwachem Austrieb. Bei sehr frühen Sätzen und starkwüchsigen Sorten kann auch ein zweites Stutzen notwendig sein. Einzelne Sorten (siehe Tab. 21) müssen nicht gestutzt werden. Sie entwickeln ohne Stutzen einen geschlosseneren Habitus.

Wachstumsregulatoren

Die Behandlung mit Wuchshemmstoffen ist bei Fuchsien sehr stark sortenabhängig. Einige schwach und mittelstark wachsende Sorten benötigen bei entsprechender Kulturführung (niedrige Temperatur, Anwendung von negativ Diff und Drop) keine weiteren wuchsregulierenden Maßnahmen. Bei stark wachsenden Sorten und einem frühen Kulturbeginn kann auf den Hemmstoffeinsatz nicht verzichtet werden. Cycocel 720, Regalis® und Caramba sind für Fuchsien weniger geeignet. Die beiden Erstgenannten zeigen eine zu schwache Wirkung, während Caramba schon bei niedriger Konzentration (0,05 %)

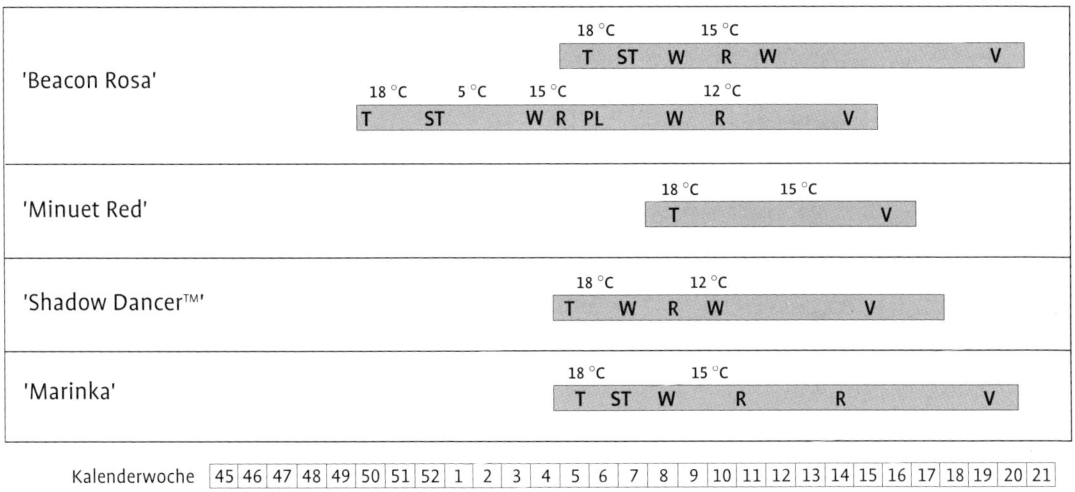

Abb. 16. Kulturschema *Fuchsia* Cultivars (Beispiele).

T Topfen (12-cm-Topf)
ST Stutzen
W Einsatz von Wachstumsregulatoren
PL photoperiodisches Zusatzlicht
R Rücken
V Verkauf

Tab. 22. Pflanzenschutz bei Fuchsien

Schadensursache	Schadbild	Behandlungsmöglichkeit Präparat*)	Wirkstoff	Bemerkungen
Tierische Schaderreger				
Blattläuse	helle Saugstellen, Läuse an Triebspitzen, eventuell Honigtau	Calypso®	Thiacloprid	systemische Wirkung
		Pirimor®-Granulat	Pirimicarb	Kontaktwirkung
		Plenum® 50 WG	Pymetrozin	Fraß- und Kontaktwirkung, systemisch
		Florfliege (*Chrysoperla carnea*)		Temperatur > 15 °C
Thripse	helle Einstichstellen an den Blättern	Vertimec®	Abamectin	Fraß- und Kontaktwirkung mit Tiefenwirkung
		Mesurol flüssig	Methiocarb	Fraß- und Kontaktwirkung, systemisch
				Blautafeln nutzen
Weiße Fliege	Blattunterseite mit Eiablagen und Larvenstadien, Blätter vertrocknen, Verschmutzung durch Honigtau	Nomolt	Teflubenzuron	Fraß- und Kontaktwirkung
		Plenum® 50 WG	Pymetrozin	Fraß- und Kontaktwirkung, systemisch
		Vertimec®	Abamectin	Fraß- und Kontaktwirkung mit Tiefenwirkung
		MICULA®	Rapsöl	nicht bei Sonne spritzen
		Schlupfwespe (*Encarsia formosa*)		
				Gelbtafeln nutzen, 1 Tafel auf 20 m^2
Minierfliege	kleine weißliche Einstichstellen in den Blättern, später bräunliche Fraßgänge sichtbar	Vertimec®	Abamectin	Fraß- und Kontaktwirkung mit Tiefenwirkung
		NeemAzal-T/S®	Azadirachtin Neem	Fraß- und Kontaktwirkung, systemisch
		Schlupfwespen (*Dacnusa sibirica*)		
				erste befallene Blätter sofort entfernen, Unkraut entfernen, Mittel auf Pflanzenverträglichkeit prüfen, Gelbtafeln nutzen
Spinnmilben	Blätter werden graugrün	Apollo	Clofentezin	gegen Eier
		Kanemite	Acequinocyl	gegen Adulte
		Ordoval	Hexythiazox	gegen Eier, Larven, Nymphen

Tab. 22. Pflanzenschutz bei Fuchsien (Fortsetzung)

Schadensursache	Schadbild	Behandlungsmöglichkeit Präparat*)	Wirkstoff	Bemerkungen
Blattwanzen	kleine Saugstellen, Blätter und junge Triebe verkrüppelt	Perfektion	Dimethoat	systemische Wirkung
		Spruzid® Neu	Pyrethrine + Rapsöl	nicht bei Sonne
Pilzliche Erreger				
Grauschimmel (*Botrytis cinerea*)	Faulstellen an Stängeln, Blättern und Blüten	Teldor®	Fenhexamid	Kontakt- und Tiefenwirkung, hinterlässt leichte Spritzflecken
		Rovral®	Iprodion	Kontakt- und Tiefenwirkung
Gelbrost (*Pucciniastrum epilobii*)	Blattunterseite gelbliche Sporenlager, Blattoberseite Aufhellungen, Blätter vergilben und fallen ab	Ortiva®	Azoxystrobin	protektive und systemische Wirkung
		Polyram® WG	Metiram	Kontaktwirkung
		Score®	Difenoconazol	systemische Wirkung
		Dithane® Ultra WG	Mancozeb	Kontaktwirkung (Spritzflecken)
Wurzelfäule (*Phytophthora*)	Fäule am Wurzelhals	Switch®	Cyprodinil + Fludioxonil	systemische und protektive Wirkung
		Rovral®	Iprodion	Tiefenwirkung
		Fonganil Gold	Metalaxyl-M	systemische Wirkung
		Previcur® N	Propamocarb	systemische Wirkung
				Hygienemaßnahmen beachten, trockener kultivieren

*) vor Anwendung von Pflanzenschutzmitteln immer Zulassungssituation prüfen und die Mittel auf Pflanzenverträglichkeit testen

zu Blattschäden führt. Topflor zeigt eine recht gute hemmende Wirkung. Die optimale Konzentration ist sortenspezifisch. Einzelgaben über 0,05 % sollten jedoch vermieden werden. Besser sind zwei oder drei Behandlungen mit einer Konzentration von 0,025 %. Die Aufwandmenge darf 100 ml/m² nicht überschreiten. Auch bei Topflor kann es sehr leicht zu einer zu starken hemmenden Wirkung kommen. Diese Pflanzen wachsen dann beim Endverbrauchen vor Juli/August nicht weiter.

Platzbedarf

Der Platzbedarf ist in starkem Maße von der gewünschten Verkaufsqualität abhängig. Nach dem Topfen können, je nach Topfgröße, 60 bis 80 Pflanzen/m² stehen. Später sollen für Premiumware (12-cm-Topf) nicht mehr als 25 Pflanzen/m² aufgestellt werden, bei Massenware (10-cm-Topf) kann mit 35 bis 50 Pflanzen/m² kalkuliert werden. Für hängende Sorten muss deutlich mehr Platzbedarf geplant werden (maximal 20 bzw. 25 Pflanzen/m²).

Kulturdauer
Die Kulturdauer ist in starkem Maße von der gewünschten Produktform abhängig. Bei frühen Topfterminen ohne Belichtung sind vier Monate Kulturzeit zu planen. Durch Belichtung kann der Blühtermin um drei bis sechs Wochen verfrüht werden. Für die Kurzkultur, Topftermin Anfang März, sind zwei Monate ausreichend (siehe Abb. 16, Seite 89).

Pflanzenschutz
Während der gesamten Kulturperiode ist auf Weiße Fliegen zu achten. Sobald erste Tiere oder Eiablagen sichtbar sind, muss mit der Behandlung begonnen werden. Bei sehr niedriger Luftfeuchtigkeit ist eine regelmäßige Kontrolle auf Spinnmilbenbefall erforderlich. Bei hoher Luftfeuchtigkeit kann *Botrytis*, bevorzugt im Stängelbereich, auftreten. Für ausreichende Luftbewegung im Bestand ist zu sorgen. Einzelne Sorten (z. B. 'Beacon' oder 'Marinka') sind sehr anfällig für Rost. Eine nicht zu enge Standweite mindert das Risiko. Regelmäßige Bestandskontrollen sind unerlässlich. Weitere Krankheiten und Schädlinge sowie Behandlungsmöglichkeiten sind in Tabelle 22 auf Seite 90 zusammengestellt.

5.8 *Impatiens* Cultivars-Neuguinea-Gruppe, Familie Balsaminaceae

5.8.1 Heimat

Weltweit gibt es mehr als 800 *Impatiens*-Arten. Ihre Heimat sind die Tropen und Subtropen aller Erdteile.

Impatiens Cultivars-Neuguinea-Gruppe – diese so beliebte Kulturpflanze entstand erst 1970 durch die Kreuzung von *Impatiens hawkeri* mit anderen *Impatiens*-Arten. Diese Arten stammen aus dem Hochland von Papua-Neuguinea. Sie wachsen dort bei ausgeglichenen Temperaturen an Waldrändern und in Lichtungen. Es sind somit keine ausgesprochenen Schattenpflanzen. Die Einführung auf dem deutschen Markt erfolgte in der zweiten Hälfte der 70er-Jahre.

5.8.2 Sortiment

Das Sortiment ist seit den ersten Kreuzungen stetig erweitert worden. Heute gibt es mehr als 300 Sorten auf dem Markt, die sich in Habitus, Blattzeichnung, Blütengröße und -farbe sowie in Reichblütigkeit unterscheiden. Wichtige Serien sind: „Paradise“, „Nino“, „Bonita“, „Colorpower“, „Magnifico®“, „Tamarinda“, „Euro-Line“, „Supergoal™“, „Riviera“, „Petticoat“, „Sweetie“, „Harmony“, „Mini-Gini“, „Sonic“ und „Super Sonic“. Alle Sorten dieser Serien werden vegetativ vermehrt. Die generativen Sorten sind lockerer im Pflanzenaufbau und haben im Vergleich zu den vegetativ vermehrten Sorten trotz massiver Probleme mit den Tospoviren bei den vegetativ vermehrten Sorten nicht die Bedeutung erlangt. Neu auf dem Markt ist „Divine“ als generative *Impatiens*-Serie. Die Sorten wachsen kompakter als die alte Sorte 'Tango'. Inwieweit sie sich auf dem Markt behaupten kann, bleibt abzuwarten. Die große Sortenfülle macht die Auswahl außerordentlich schwierig. Neu sind auch halb gefüllte Blüten. Die Serie „Double Gem“ ist mit neun Farben auf dem Markt. Die großen und leuchtenden Blüten der *Impatiens* Cultivars-Neuguinea-Gruppe haben sie zu einer beliebten Beet- und Topfpflanze werden lassen. Die angebotene Sortenfülle zeugt davon. Die Witterungsbeständigkeit ist jedoch nicht bei allen Sorten gleich gut. Dauerhafte Regenperioden werden nur schlecht vertragen. *Botrytis* an Blüten und Blättern sind die Folge. Die einzelnen Serien und Sorten unterscheiden sich neben ihrer Blütenfarbe durch Blütengröße, Blütenform, Aufblühverhalten, Wuchscharakter, Laubfärbung und Laubzeichnung. Das Sortiment kann in sehr stark, stark und mittelstark wachsend unterteilt werden. Zu den sehr starkwüchsigen Sorten sind vor allem „Supergoal™“, „Super Sonic“ oder „Riviera“ zu zählen. In die stark wachsende Gruppe gehören neben „Paradise“ auch „Colorpower“ oder

„Harmony". Mittelstark wachsend und deutlich kleiner bleibend ist die dritte Gruppe, die weniger für die Beetbepflanzung, eher für den Topf oder Urnengräber geeignet ist. „Bonita®", „Mini-Gini®" und „Sweetie" sind Serien dieser Gruppe. Die Sorten dieser Serien sind kleiner und kompakter im Habitus und haben deutlich kleinere Blüten und Blätter im Vergleich zu den stark wachsenden Sorten.

5.8.3 Kulturführung

Vermehrung

In der Regel erfolgt die Vermehrung durch Stecklinge, nur wenige Sorten werden durch Samen vermehrt. Die Stecklinge werden in Jiffy 7, Vliestöpfe oder in Multitopfplatten gesteckt. Sie sollten noch nicht induziert haben. Induzierte Stecklinge führen zu verlangsamtem Wachstum und schlechter Verzweigung. Ursache für eine vorzeitige Induktion kann eine starke Belichtung von Mutterpflanzenbeständen sein. Verwendet werden Kopfstecklinge. Die Bewurzelung erfolgt bei 18 bis 20 °C und dauert etwa zwei bis drei Wochen.

Substrat

Verwendet wird ein mäßig aufgedüngtes Substrat mit einem pH-Wert um 6, einer guten Luft- und Wasserkapazität und einem Tonanteil. Das erhöhte Puffervermögen durch den Tonanteil im Substrat sorgt für einen stabilen pH-Wert und eine gute Verfügbarkeit der Nährstoffe. Die etwas niedrigere Grunddüngung verhindert Wurzelschäden und Wachstumsstockungen.

Topfgröße

Je nach Produktionsziel, Sorte und Jahreszeit können sowohl kleine Töpfe (9 cm) als auch 12-cm-Töpfe Verwendung finden. Auch als Ampelpflanzen können viele Sorten verwendet werden.

Düngung

Impatiens Cultivars-Neuguinea-Gruppe zählen zu den schwach zehrenden Pflanzen und sollten daher auch nur mäßig gedüngt werden. In den ersten drei Wochen nach dem Topfen ist keine Düngung erforderlich, danach wird ein ausgeglichener MND verwendet. Bei wöchentlichen Düngergaben soll die Konzentration nicht über 0,15 % liegen, bei Bewässerungsdüngung zwischen 0,05 und 0,08 % je nach Häufigkeit der Bewässerungsvorgänge. In den letzten Wochen vor dem Verkauf hat sich ein kalibetonter MND bewährt. Um eine an die Pflanzenentwicklung angepasste Düngerzusamensetzung zu verabreichen, ist der Einsatz von Langzeitdüngern nicht zu empfehlen.

Bewässerung

Impatiens haben einen hohen Wasserbedarf. Mit differenzierten Wassergaben kann Einfluss auf den Habitus der Pflanzen genommen werden. Staunässe wird nicht vertragen und kann zu Wurzelerkrankungen führen. Viel Wasser führt zu großen mastigen Pflanzen mit lockerem Aufbau. Eine trockenere Kulturführung ermöglicht kompakte Pflanzen mit besserer Verzweigung und einem gleichmäßigen Blütenansatz. Das Risiko ist bei einer Kultur mit weniger Wassergaben höher, da auch kurzfristige Ballentrockenheit zu Qualitätsverlusten führen kann. Blattschäden, im Extremfall auch Blattfall und Knospenabwurf, können die Folge von zu trockener Kultur sein.

Die relative Luftfeuchte soll zwischen 55 und 75 % liegen. Eine deutliche Unterschreitung führt zu Blattdeformationen, Wachstumsstockungen und Spinnmilbenbefall, eine Überschreitung zu weichem Gewebe und Befall mit Weichhautmilben und *Botrytis*.

Temperatur

In den ersten vier Kulturwochen sind 18 bis 20 °C für eine gute Pflanzenentwicklung notwendig. Danach kann die Temperatur um 2 °C gesenkt werden. Negativ Diff wird gut vertragen und verbessert den Pflanzenaufbau. Zum Ende der Kultur kann die Temperatur zum Abhärten auf 15 °C gesenkt werden. Die Lüftungstemperatur soll 22 °C nicht überschreiten. Zu hohe Temperaturen führen zu starkem vegetativem Wachstum und verzögern die

Tab. 23. Pflanzenschutz bei *Impatiens* Cultivars-Neuguinea-Gruppe und *Impatiens walleriana*

Schadensursache	Schadbild	Behandlungsmöglichkeit Präparat*)	Wirkstoff	Bemerkungen
Tierische Schaderreger				
Weichhautmilben	verkrüppelte Triebspitzen, Blattveränderungen	Vertimec®	Abamectin	Fraß- und Kontaktwirkung
Thripse	helle Einstichstellen an den Blättern	Vertimec®	Abamectin	Fraß- und Kontaktwirkung
		Mesurol flüssig	Methiocarb	Fraß- und Kontaktwirkung, systemisch
				Blautafeln nutzen
Spinnmilben	Blätter werden fahlgelb	Apollo	Clofentezin	gegen Eier
		Kanemite	Acequinocyl	gegen Adulte
		Ordoval	Hexythiazox	gegen Eier, Larven, Nymphen
Pilzliche Erreger				
Echter Mehltau	weißer mehliger Belag auf Blättern, Stängeln und Blüten	Ortiva®	Azoxystrobin	protektive Wirkung
		Score®	Difenoconazol	systemische Wirkung
		BioBlatt-Mehltaumittel®	Lecithin	Kontaktwirkung, vorbeugend anwenden
				auf ausreichende Luftzirkulation achten, Luftfeuchtigkeit senken
Falscher Mehltau (*Plasmopara obducens*)	Vergilben und einrollen der Blätter, Absterben der Blätter von oben nach unten	Dithane Neo Tec®	Mancozeb	Kontaktwirkung, hinterlässt Spritzflecken
		Forum®	Dimethomorph	Tiefenwirkung, protektiv, antisporulierend
		Acrobat Plus® WG	Mancozeb + Dimethomorph	Tiefenwirkung
Grauschimmel (*Botrytis cinerea*)	Faulstellen an Blättern und Blüten	Teldor®	Fenhexamid	Kontaktwirkung, hinterlässt leichte Spritzflecken
		Rovral®	Iprodion	Kontakt- und Tiefenwirkung
Wurzelfäule (*Pythium*)	an Wurzel- und Stängelgrund Weichfäule, vorrangig im Jungpflanzenstadium	Proplant	Propamocarb	alle systemische Wirkung, Aufnahme über die Wurzel
		Previcur® N	Propamocarb	
		Fonganil Gold	Metalaxyl-M	

Tab. 23. Pflanzenschutz bei *Impatiens* Cultivars-Neuguinea-Gruppe und *Impatiens walleriana* (Fortsetzung)

Schadensursache	Schadbild	Behandlungsmöglichkeit Präparat*)	Wirkstoff	Bemerkungen
Virosen				
Tomatenbronzefleckenvirus, Tospoviren	junge Blätter missgebildet, Nekrosen auf den Blättern – obere Blattepidermis „verbronzt", unregelmäßige Flecken an den Stängeln	keine		befallene Pflanzen entfernen, konsequente Thripsbekämpfung!!
Impatiensnekrosevirus	streifige und/oder fleckige Blütenblätter, Nekrosen an Blättern, Wuchsdepressionen	keine		befallene Pflanzen entfernen, konsequente Thripsbekämpfung!!

*) vor Anwendung von Pflanzenschutzmitteln immer Zulassungssituation prüfen und die Mittel auf Pflanzenverträglichkeit testen

Blüteninduktion. Zu niedrige Temperaturen verlängern die Kulturzeit und verhindern einen optimalen Zuwachs.

Licht

Die tagneutralen Pflanzen haben einen verhältnismäßig hohen Lichtbedarf. In den Frühjahrsmonaten ist erst bei einer Außeneinstrahlung ab 45 klx zu schattieren. In den Wintermonaten ist Assimilationslicht (4000 lx) bis 16 Stunden qualitätsfördernd.

Stutzen

Nur für die Produktion von sehr großer Ware und Ampeln ist Stutzen erforderlich.

Wachstumsregulatoren

Der Einsatz von Wachstumsregulatoren ist bei Einhaltung der optimalen Kulturbedingungen nicht erforderlich.

Platzbedarf

Je nach gewählter Sortengruppe und Topfgröße, liegt der Platzbedarf zwischen 45 Pflanzen/m^2 bei 9-cm-Töpfen und 25 Pflanzen/m^2 bei 13-cm-Töpfen. Bei zu engem Stand werden die Pflanzen lang und verlieren ihren kompakten halbrunden Aufbau.

Produktform

Von Minis bis Ampelware werden alle Größen angeboten.

Kulturdauer

Abhängig von der Jahreszeit, der Sortengruppe und Topfgröße liegt die Kulturdauer zwischen sieben und zwölf Wochen. *Impatiens* Cultivars-Neuguinea-Gruppe können auch als Sommertopfkultur produziert werden. Die Kulturzeit verringert sich dann um etwa zwei Wochen.

Pflanzenschutz

Vornehmlich ist auf Befall von Blütenthrips zu achten. Dafür sind in ausreichender Zahl

Blautafeln aufzuhängen und regelmäßig zu kontrollieren. Thripse übertragen Tospoviren, die bei Verbreitung im Bestand großen Schaden anrichten können. Pflanzen mit Verdacht auf Virusbefall müssen umgehend entfernt werden. Weitere Krankheiten und Schädlinge zeigt Tabelle 23 auf Seite 94.

5.9 *Impatiens walleriana*, Familie Balsaminaceae

5.9.1 Heimat

Diese Art ist in den Gebirgen des tropischen Ostafrika beheimatet. Langjährige züchterische Arbeit hat eine Vielzahl von Sorten und eine große Formen- und Farbenvariabilität hervorgebracht. Auf dem Markt sind fast ausschließlich F_1-Sorten.

Die Art ist tagneutral, ein höheres Lichtangebot verbessert die Wuchsform und fördert die Blütenentwicklung.

5.9.2 Sortiment

Dominierend im Sortiment sind die durch Samen vermehrten mittel- bis großblütigen Sorten mit einem ausgedehnten Farbspektrum. Die Blütengröße reicht von 5,0 bis 6,6 cm. Auf Frühzeitigkeit wird bei allen Serien besonderer Wert gelegt. Auch sollen die Sorten sowohl im Topf als auch auf dem Beet möglichst flach bleiben. Bei den Serien „Xtreme“ und „Spellbound®“ wird gerade dieses Zuchtziel recht gut verwirklicht (siehe Farbtafel S. 60, Abb. 22). Die Sorten sind starkwüchsig, flach wachsend oder im Gefäß auch überhängend. Beide Serien sind daher auch gut für die Verwendung als Ampelpflanze geeignet. Im Gegensatz zu allen anderen Serien dieser Gruppe wird „Spellbound®“ vegetativ vermehrt. Die Kulturzeit ist sehr kurz und beträgt vom Topfen bis zum Verkaufstermin vier bis sechs Wochen, je nach Kulturbedingungen. Positiv zu bewerten ist der recht einheitliche Blühbeginn der einzelnen Sorten. Für einen Verkaufstermin Anfang Mai ist nicht vor Anfang April zu topfen. Die Anzucht in Paletten ist nicht zu empfehlen, der 12-cm-Topf sollte die Mindestgröße für das Kulturgefäß sein. Sonne und Regen werden recht gut vertragen. ‘Spellbound® Red’ und ‘Spellbound® Orange’ zeigen nach starker Sonneneinstrahlung Blütenschäden, die bei veränderter Witterung schnell überwachsen werden. Schlechtwetterperioden werden selbst von ‘Spellbound® White’ gut vertragen. Ebenfalls ein sehr einheitliches Blühfenster haben die Sorten der „Candy®“-Serie. Die Wuchshöhe ist sehr unterschiedlich und reicht von 20 cm für ‘Candy® Weiß’ bis >30 cm für ‘Candy® Lachsorange’. Das ist bei der Verwendung für die Beetgestaltung zu beachten. Weitere wichtige und zum Teil lange bewährte Serien sind „Accent“, „Expo“, „Vitara“, „Campos“, „Silhouette®“, „Cajun®“ und „Explore“.

Diese großblütigen und einfach blühenden Sorten werden durch gefüllt blühende Serien, wie „Fiesta™“, „Bellizzy®“ oder „Cameo Neo®“ ergänzt. Auch diese Sorten werden vegetativ vermehrt. Ein später Kulturbeginn führt in der Regel zu kompakteren Pflanzen. Ein Stutzen ist dann nicht erforderlich. Bei zu engem Stand und/oder hohen Temperaturen wird die Verzweigung schlechter. Auch Stutzen führt dann oft nicht zu dem gewünschten Pflanzenaufbau. Nachteilig ist, dass einige Sorten verstärkt ihre Blüten unter dem Laub entwickeln.

Reichblütig und vollständig über dem Laub blühend sind die miniaturblütigen, vegetativ vermehrten *Impatiens* „Firefly®“, „Lumina®“ und „Mandala“. Die große und lang anhaltende Blütenfülle hat eine enorme Fernwirkung. Die Kulturzeit beträgt sieben bis neun Wochen. Stutzen ist nicht erforderlich. Empfohlen wird eine Topfgröße von maximal 10,5 cm. Sie eignen sich für die Beetbepflanzung ebenso wie für große oder kleine Gefäße.

5.9.3 Kulturführung

Vermehrung
Die Vermehrung erfolgt bis auf wenige Ausnahmen durch Samen. Für 1000 Pflanzen wird 1 g Saatgut (1200 bis 1500 Korn)

benötigt. Es sind Lichtkeimer, die nicht mit Substrat abgedeckt werden dürfen. Zur Erhöhung der Luftfeuchtigkeit kann in den ersten Tagen nach der Aussaat eine Folienabdeckung hilfreich sein. Mit beginnender Keimung (4 bis 5 Tage) muss diese jedoch entfernt werden. Die optimale Bodentemperatur liegt bei 22 °C, der pH-Wert bei 6, der Salzgehalt < 1 g/l Substrat. Die Aussaat kann breitwürfig oder als Einzelkornablage in Paletten erfolgen. Jungpflanzenfirmen bieten Saatkisten in unterschiedlicher Größe an. In vielen Fällen ist dem Jungpflanzenzukauf der eigenen Aussaat der Vorzug zu geben. Für die meisten Sorten ist es ausreichend, mit der Aussaat in Woche 9 oder 10 zu beginnen.

Substrat

Bevorzugt wird leicht aufgedüngtes Substrat mit einem pH-Wert zwischen 5,5 und 6,5.

Topfgröße

Die Topfgröße ist sehr stark von der Sorte abhängig (vgl. Sortiment). Während kleinblütige, schwach wachsende Sorten auch im 9-cm-Topf kultiviert werden können, ist für Sorten der Serie „Spellbound®" mindestens ein 12-cm-Topf zu wählen.

Düngung

Nach dem Einwurzeln kann wöchentlich mit einem ausgeglichenen MND (0,1 %) nachgedüngt werden. Mit beginnender Blütenbildung ist ein kalibetonter MND günstig. Bei Bewässerungsdüngung ist eine Konzentration von 0,08 % für die meisten Sorten ausreichend. Bei stark wachsenden Sorten kann die Düngerkonzentration auf 0,10 bis 0,15 % erhöht werden.

Bewässerung

Impatiens zählen eher zu den Kulturen mit einem erhöhten Wasserbedarf. Die Sortenunterschiede und die unterschiedliche Bedürftigkeit in den verschiedenen Entwicklungsphasen sind unbedingt zu beachten. Stauende Nässe ist zu vermeiden. Zu viel Feuchtigkeit führt zu Blattvergilbungen, stauende Nässe zu Nährstoffmangel.

Temperatur

In der Anfangsphase der Kultur dürfen 16 bis 18 °C nicht unterschritten werden. Bei zu niedriger Temperatur wird das Wachstum zu stark verzögert, Temperaturen unter 15 °C führen außerdem zu gelben Blättern. Nach ausreichendem vegetativem Wachstum kann die Temperatur langsam

Abb. 17. Kulturschema *Impatiens walleriana* (Beispiele).

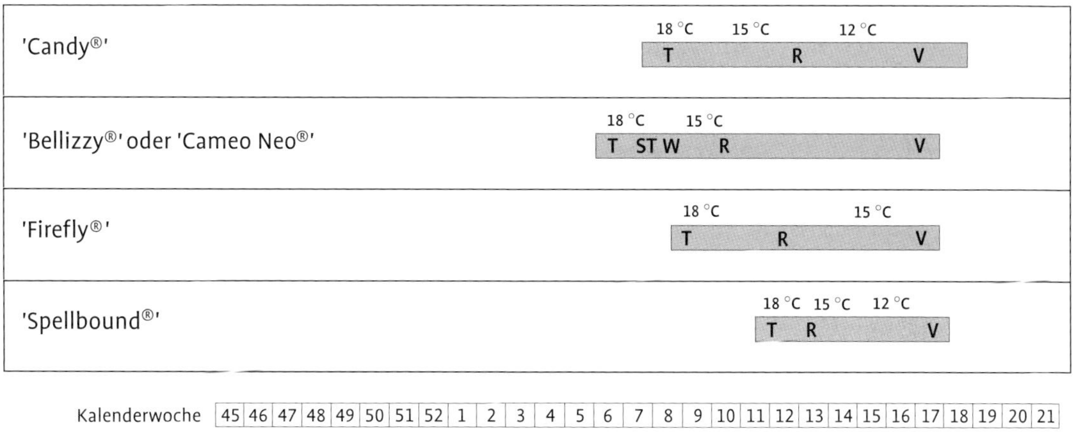

T Topfen (12-cm-Topf)
ST Stutzen
W Einsatz von Wachstumsregulatoren
R Rücken
V Verkauf

auf 12 bis 15 °C gesenkt werden. *Impatiens walleriana* lassen sich durch gezielte Temperaturführung gut in ihrem Wachstum steuern. Durch negativ Diff und/oder Drop kann das Streckungswachstum deutlich gehemmt werden. Der Pflanzenaufbau bleibt kompakter (siehe Farbtafel S. 61, Abb. 23 bis 25).

Licht

Für eine schnelle Entwicklung ist volles Licht erforderlich. Nur während der Jungpflanzenanzucht und bei extremen Einstrahlungswerten muss schattiert werden.

Stutzen

Ein Stutzen ist nicht erforderlich, kann bei sehr frühem Topftermin jedoch sinnvoll sein.

Wachstumsregulatoren

Um kompakte Pflanzen zu erhalten kann mit Topflor 0,025 % oder CCC 720 gespritzt werden. Der Einsatz von Hemmstoffen führt bei einigen Sorten zur Blühverzögerung. Ein späterer Kulturbeginn und eine nicht zu enge Standweite machen den Einsatz von wuchsregulierenden Mitteln überflüssig.

Platzbedarf

Der Platzbedarf ist entscheidend von Topfgröße und Sorte abhängig und kann zwischen 16 und 50 Pflanzen/m² liegen. Rechtzeitiges Rücken ist dringend erforderlich. Zu enger Stand führt zu kahlen Stängeln, schlechter Verzweigung von unten, zu starkem Längenwachstum und minderer Qualität.

Kulturdauer

Impatiens walleriana ist eine schnelle Kultur. Bei Aussaat im März sind für die meisten Sorten nur acht bis zehn Wochen Kulturzeit erforderlich. Bei früherem Kulturbeginn wird die Kulturzeit deutlich verlängert. Oft ist dann ein zusätzlicher Stutztermin notwendig. Bei Absatz im Mai ist ein Topftermin in Woche 12 ausreichend. „Spellbound®“ kann bei diesem Topftermin bereits Ende April vermarktet werden (siehe Abb. 17, Seite 97).

Pflanzenschutz

Um Spinnmilbenbefall zu vermeiden, ist auf eine ausreichend hohe Luftfeuchtigkeit zu achten. Regelmäßige Kontrollen auf Befall mit Blattläusen oder Thripsen sind zwingend erforderlich. Blautafeln sind dafür eine sehr gute Unterstützung. Weitere Krankheiten und Schädlinge sind in Tabelle 23 auf Seite 94/95 zusammengestellt.

5.10 *Lobelia*, Familie Campanulaceae

5.10.1 Heimat

Es gibt innerhalb dieser Gattung über 300 Arten, die in den Tropen und Subtropen ihren Ursprung haben. *Lobelia erinus* stammt aus Südamerika. Die Pflanzen sind an Orten mit feuchtwarmen Bedingungen zu finden.

5.10.2 Sortiment

Vegetativ vermehrte Sorten

Mit der Sorte 'Richardii' zog Ende der 80er-Jahre eine alte Sorte, die nur vegetativ vermehrbar ist, in das Sortiment ein. Heute gibt es viele vegetative Sorten in verschiedenen Blautönen und in Weiß. Sie bestimmen weitgehend das Sortiment. Mit sehr unterschiedlichen Wuchseigenschaften sind acht Sorten der Serie „Laguna®“ auf dem Markt. Neben Sorten mit kompaktem, fast aufrechtem Wuchs, wie 'Laguna® Mounding White' (P), gibt es mit 'Laguna® Mounding Violet' (P) den überhängenden Typ und hängende Sorten, wie 'Laguna® Trailing Lilac' (P) (siehe Farbtafel S. 61, Abb. 26). Im Sommer sind die Sorten mit ihrer großen Reichblütigkeit eine wahre Augenweide. Sie blühen früh und benötigen keinen Kältereiz für die Blüteninduktion. Besonders früh blühen die „Angel“-Sorten. Ihre Frühzeitigkeit kann durch eine Kühlphase von fünf Wochen noch verstärkt werden. 'Summerlovers® Dark Blue Angel' ist innerhalb der Serie die früheste Sorte. Neben der Frühzeitigkeit sind Witterungsbeständigkeit bei Hitze und Regen sowie gute Blühleistung bis in den Herbst wichtige Eigenschaften. Zunehmend sind Hitzetoleranz und Frühzeitigkeit ohne Kühlphase wichtige Zuchtziele. Bis in den Herbst blühen nur wenige Sorten wirklich gut – 'HOT® Waterblue' (siehe Farbtafel S. 61, Abb. 27), 'HOT® White', 'HOT® Arctic', 'Big Blue', 'Pink Star', 'Techno™ Blue', 'Techno™ Heat White' oder 'Temptation blau-weiß'. Dabei ist 'HOT® Arctic' mit etwas lockerem und aufrechterem Wuchs eher für Beetbepflanzung geeignet. Für ein breites Verwendungsspektrum bietet die Serie „Techno™" gute Möglichkeiten. Neben mehr aufrechten Sorten ('Techno™ Upright Blue'), die in der Anzucht weniger Platz benötigen, ist 'Techno™ Heat White' sehr gut für die Ampel geeignet. Mit „Anabel™" bereichert eine Serie mit guten Wuchs- und Blüheigenschaften das Angebot. 'Anabel™ Blue Romance®' blüht sehr früh und ist hitzetolerant.

Generativ vermehrte Sorten

Die generativ vermehrten Sorten werden trotz umfangreicher Entwicklung der vegetativen Sorten ihre Bedeutung für die Beetgestaltung behalten. Die Sortenentwicklung verläuft jedoch deutlich langsamer. So sind auch noch einige alte bewährte Sorten, wie 'Kaiser Wilhelm', auf dem Markt erhältlich. Die frühesten Sorten sind 'Riviera Midnight Blue', 'Laura Deep Blue' und 'Aqua Blue with Eye'. Die Wuchsstärke ist bei den einzelnen Sorten sehr unterschiedlich. Bei den eher flach wachsenden oder hängenden Typen ist bei der Beetverwendung eine Pflanzdichte von 10 Pflanzen/m^2 ausreichend. Diese Sorten sind auch als Ampelpflanzen geeignet. 'Cascade', 'Regatta', 'Fountain' oder 'Saphire' können in diese Gruppe eingeordnet werden. Sie werden auch als *Lobelia erinus pendula* bezeichnet. Ihre Blühleistung ist etwas geringer als die der kompakten Sorten. Für die kompakten Sorten sind 16 bis 20 Pflanzen/m^2 zu planen, um einen rechtzeitigen Bestandesschluss zu erreichen. Da samenvermehrte Lobelien meistens Ende Juli/Anfang August bereits abgestorben sind, sollte die Fläche bis spätestens Ende Juni zugewachsen sein. Wichtige kompakte Sorten sind 'Cambridge Blue', 'Blue Star', 'Blaue Perle', 'Kristallpalast', 'Kaiser Wilhelm', 'Rosamunde', 'Blue Moon', 'Half Moon' oder 'Riviera'. Lila, weiß und rosa blühende Sorten sind in der Regel weniger ausdauernd in ihrer Blühleistung.

5.10.3 Kulturführung

Vermehrung, vegetativ

Die Vermehrung erfolgt bei diesen Sorten über Teilstecklinge, die den Kopfstecklingen vorzuziehen sind. Vor allem die spätere Verzweigung ist bei Teilstecklingen deutlich besser. Die Stecklinge sollten eine Größe von etwa 4 cm haben. Die Bewurzelung erfolgt in zwei bis drei Wochen bei 18 bis 20 °C. Bewährt hat sich das Stecken von Tuffs in Paletten oder Töpfen.

Vermehrung, generativ

Die Vermehrung dieser Sorten erfolgt über Saatgut. Ausgesät wird im Tuff in Paletten. Für 1000 Pflanzen wird 0,5 g Saatgut benötigt. Neben normalem Saatgut wird zur Vereinfachung des Arbeitsganges Granulat angeboten. Ein Granulat enthält bis zu zehn Saatkörner. Lobelien sind Lichtkeimer und dürfen nicht abgedeckt werden. Die Keimung erfolgt in sieben bis zehn Tagen bei 18 bis 20 °C. Die Aussaat erfolgt in Vermehrungssubstrat.

Substrat

Lobelien sind im Jungpflanzenstadium salzempfindlich, daher sollte zum Topfen Einheitserde P oder TKS 1 verwendet werden. Der optimale pH-Wert liegt bei 5, eine gute Strukturstabilität des Substrates ist für die weitere Entwicklung förderlich.

Topfgröße

Für die starkwüchsigen vegetativen Sorten sollte der Topf nicht kleiner als 10,5 cm sein. Aus der Multizellpalette kann auch sofort in Ampeln getopft werden.

Die übliche Topfgröße bei generativen Sorten ist der 9-cm-Topf, besonders bei aufrechten Sorten für die Rabattenbepflanzung. Auch die Anzucht als Pack ist verbreitet. Für die hängenden Typen wird zunehmend ein etwas größerer Topf gewählt (bis 10,5 cm), um ausreichendes vegetatives Wachstum zu gewährleisten.

Düngung

Nach der Anwachsphase, in der Lobelien etwas empfindlich sind, sollte wöchentlich mit einem MND 0,1 bis 0,2 % gedüngt werden. Bei Bewässerungsdüngung ist eine Konzentration von 0,08 % ausreichend.

Bewässerung

Eine mäßig feuchte Kulturführung beugt Wurzelerkrankungen vor. Stauende Nässe wird schlecht vertragen, ebenso wiederholte Ballentrockenenheit. Vor allem in der ersten Wachstumsphase führt eine zu trockene Kulturführung zu schlechter Bestockung. Während der Kühlphase ist der Bestand aus phytosanitärer Sicht etwas trockener zu halten. In der Endphase der Produktion kann weniger Wasser die Trieblänge reduzieren, wodurch Hemmstoffe gespart werden können.

Temperatur

Lobelien gehören zu den Kalthauspflanzen. Nach den ersten zehn Tagen sollte die Temperatur bereits auf 16 °C gesenkt werden. Danach sind 12 bis 15 °C ausreichend, nach dem Einwurzeln kann die Temperatur weiter auf 10 bis 12 °C, später auf 8 °C gesenkt werden. In der Phase des langsamen Absenkens der Temperatur soll der Austrieb erfolgen. Mit Eintritt in die Kühlphase muss sparsam gewässert werden. Viele Sorten benötigen für eine frühe und gleichmäßige Blüte eine Kühlphase von sechs Wochen. Durch Diff und Drop kann der Habitus der Pflanzen deutlich verbessert werden.

Licht

Lobelien benötigen viel Licht. Es kann daher auf Schattierung verzichtet werden. Sinnvoll ist eine Tagverlängerung auf 16 Stunden durch photoperiodisches Licht. Besonders für einen frühen Verkaufstermin ab Woche 14 ist das Zusatzlicht unerlässlich. Eine Kulturzeitverkürzung um zwei bis drei Wochen kann dadurch erreicht werden. Eine Tagverlängerung auf 16 Stunden bedeutet im Januar und Februar eine Belichtungsdauer von etwa 8 Stunden. Der gleiche Effekt hinsichtlich Frühzeitigkeit wird mit einer Nachtunterbrechung von 2 bis 4 Stunden erzielt. Assimilationslicht führt zu einer weiteren Verfrühung. Betriebswirtschaftliche Analysen sprechen eher gegen einen Einsatz von Assimilationslicht.

Stutzen

Ein einmaliges Stutzen oder Entspitzen ist bei vegetativ vermehrten Sorten für einen guten Pflanzenaufbau notwendig. Bei zu lang gewachsenen Pflanzen ist ein weiteres Stutzen oder ein Rückschnitt möglich. Die letzte Behandlung sollte etwa acht Wochen vor dem Verkauf abgeschlossen sein.

Generativ vermehrte Sorten müssen nicht zwingend gestutzt werden. Bei zu lang gewordenen Pflanzen ist aber ein Rückschnitt ohne Probleme möglich.

Zu warme Kulturführung fördert das Streckungswachstum und muss für die Produktion von kompakter Ware vermieden werden.

Wachstumsregulatoren

Bei Ampelproduktion ist der Einsatz nicht erforderlich. Für die Produktion von Topfware ist dagegen eine mehrmalige Behandlung bei den stark wachsenden vegetativen Sorten unerlässlich. Neben Topflor 0,1 % zeigen auch Caramba 0,1 % und Regalis® 0,2 % eine gute Wirkung. Regalis® empfiehlt sich nur bei weißen und sehr hellen Sorten bzw. in einem sehr frühen Stadium, um die Blütenfarbe nicht negativ zu beeinflussen (vgl. Kap. 2.7, Seite 20). Generative Sorten benötigen bei Anzucht unter niedriger Temperatur und bei ausreichendem Lichtangebot keine chemische Wuchsregulierung. Bei Aussaat im Januar kann es wegen der geringen Lichtmenge

Tab. 24. Pflanzenschutz bei *Lobelia*

Schadensursache	Schadbild	Behandlungsmöglichkeit Präparat*)	Wirkstoff	Bemerkungen
Tierische Schaderreger				
Thripse	helle Einstichstellen an den Blättern	Vertimec®	Abamectin	Fraß-, Kontakt- und Tiefenwirkung
		Mesurol flüssig	Methiocarb	Fraß- und Kontaktwirkung, systemisch
				Blautafeln nutzen
Pilzliche Erreger				
Stängelgrundfäule (*Rhizoctonia*)	Fäule am Stängelgrund	Switch®	Cyprodinil + Fludioxonil	systemische und protektive Wirkung
		Rovral®	Iprodion	Tiefenwirkung
		Fonganil Gold	Metalaxyl-M	systemische Wirkung
		Previcur® N	Propamocarb	systemische Wirkung
				Hygienemaßnahmen beachten, trockener kultivieren
Wurzelfäule (*Pythium*)	an Wurzel- und Stängelgrund Weichfäule, vorrangig im Jungpflanzenstadium	Proplant	Propamocarb	alle systemische Wirkung, Aufnahme über die Wurzel
		Previcur® N	Propamocarb	
		Fonganil Gold	Metalaxyl-M	
Bakteriosenrosen				
Xanthomonas campestris	Blattadern aufgehellt, zum Teil kreisförmige Nekrosen, Absterben einzelner Triebe oder ganzer Pflanzen	keine		befallene Pflanzen entfernen, gesunde Mutterpflanzen, Hygiene
Virosen				
Tospoviren	junge Blätter missgebildet, lila Blattverfärbungen, Nekrosen, Verwechslung mit Verbrennungen oder Trockenschäden möglich	keine		befallene Pflanzen entfernen, konsequente Thripsbekämpfung!!

*) vor Anwendung von Pflanzenschutzmitteln immer Zulassungssituation prüfen und die Mittel auf Pflanzenverträglichkeit testen

allerdings zu unerwünschtem Streckungswachstum kommen. Der Einsatz von Topflor, Caramba oder CCC 720 kann unter diesen Umständen sinnvoll sein. Bei einigen Sorten führt die Behandlung zu verringertem Blütenflor.

Platzbedarf

Für eine gute Verkaufsqualität dürfen stark wachsende Lobelien nicht zu eng gestellt werden. Bei zu geringem Platz- und damit auch Lichtangebot werden lange geile Triebe gebildet und die Pflanzenmitte verkahlt. Je nach verwendeter Topfgröße, werden 20 bis 30 Töpfe/m² empfohlen.

Bei generativen stehenden Sorten ist eine Platzauslastung von bis zu 60 Pflanzen/m² möglich. Für die Pendula-Typen sind oft nicht mehr als 30 Pflanzen/m² ohne Qualitätsverlust sinnvoll.

Produktform

Angeboten werden sowohl getopfte Ware in unterschiedlicher Topfgröße (9-cm-Topf bis 11-cm-Topf) als auch Ampeln in verschiedenen Größen. Für die Beetbepflanzung ist hingegen Packware sehr gut geeignet.

Kulturdauer

Lobelien können in die Kaltkultur aufgenommen werden. Die Produktion beginnt dann Ende Oktober und läuft bis Mitte November. Für die Normalkultur ist ein Topftermin in Woche 7 ausreichend. Mit einer Kulturdauer von 12 bis 15 Wochen kann kalkuliert werden.

Bei generativer Vermehrung können früh blühende Sorten bei spätem Aussaattermin bereits nach zehn Wochen Kulturzeit verkaufsfähig sein, im Allgemeinen muss jedoch mit zwölf Wochen gerechnet werden. Je früher mit der Aussaat begonnen wird, desto länger ist die Kulturdauer.

Pflanzenschutz

Vor allem bei vegetativ vermehrten Lobelien kann es zu Ausfällen durch Bakterienbefall (*Xanthomonas campestris*) kommen. Eine optimale Wasserversorgung, möglichst keine Bewässerung von oben und die Einhaltung von Hygienemaßnahmen sind als vorbeugende Maßnahmen von Bedeutung. Grundvoraussetzung sind Jungpflanzen, die aus gesunden Mutterpflanzenbeständen kommen. Befallene Pflanzen sind umgehend aus dem Bestand zu entfernen. Eine zu nasse Kulturführung kann zu Wurzelfäule (*Rhizoctonia solani*) führen. Eine regelmäßige Kontrolle auf Krankheiten und Schädlinge ist vorzunehmen (siehe Tab. 24, Seite 101).

5.11 *Nemesia*, Familie Scrophulariaceae

5.11.1 Heimat

Nemesia, eine Gattung mit mehr als 50 Arten von Einjährigen, Stauden oder Halbsträuchern, stammt aus Südafrika. Die Pflanzen wachsen dort auf sandigem Boden in Küstennähe oder auf groben Böden im Binnenland. Lange Zeit spielte auf dem europäischen Markt nur *Nemesia strumosa*, eine einjährige Pflanze von kurzer Lebensdauer mit hellen leuchtenden Farben, eine Rolle. Seit etwa fünf Jahren gewinnt *N. caerulea*, eine nicht frostharte Staude, im Sortiment der Beet- und Balkonpflanzen zunehmend an Bedeutung. Als robuster Dauerblüher erfreuen die Blüten den Endverbraucher von April bis Oktober. Leider war das Farbspektrum dieser Art bisher sehr eingeschränkt. Blau, Rosa und Weiß bestimmten das Bild. Durch Art- und/oder Gattungskreuzungen ist es gelungen, leuchtende Farben in das Sortiment zu bringen. Noch fehlt es aber vielen neuen Hybriden an Widerstandsfähigkeit gegenüber pilzlichen Erregern. Das Durchblühverhalten ist vielerorts auch nicht befriedigend. So sind gerade in den südlichen Bundesländern frühzeitig Verluste zu verzeichnen, die zum Teil bereits im Juli zum vollständigen Absterben der Pflanzen führen. Der Züchtung muss es nun gelingen, Widerstandsfähigkeit, dauerhafte Blüte und leuchtende Farben mit den anderen positiven Eigenschaften von *N. caerulea* zu kombinieren.

5.11.2 Sortiment

Die kurze Kulturzeit und die geringen Temperaturansprüche in der Anzucht lassen diese Gattung gerade unter dem Druck der hohen Energiepreise zu einer idealen Kultur für den Produzenten werden. Einige Sorten der Serie „Nemo“ benötigen nur eine Kulturzeit von vier bis fünf Wochen vom Topfen bis zur Blüte. Mit einer sehr kurzen Kulturzeit von fünf bis sechs Wochen können auch die meisten anderen Serien kultiviert werden. Die Serie „Sunsatia“ aus interspezifischen Kreuzungen – mit ihren neuen leuchtenden Farben – blüht nach etwa sieben Wochen Kulturzeit. Mit der „Sunsatia“-Serie ist eine richtungsweisende Veränderung bei den Nemesien eingetreten. Die neuen Sorten sind starkwüchsig, groß- bis mittelgroßblumig, es gibt aufrechte und hängende Wuchsformen. ‘Blackberry’, ‘Snowberry’, ‘Cassis’, ‘Mango’ und ‘Peach’ wachsen eher aufrecht, ‘Lemon’, ‘Coconut’, ‘Banana’ und ‘Cranberry’ wachsen ausladend und hängend. Sie sind für Ampeln besonders geeignet. Das Durchblühverhalten ist sehr unterschiedlich. Während einige Sorten eher annuellen Charakter haben und bis Ende Juli außerordentlich reichblütig sind (‘Cranberry’), blühen andere Sorten bis in den Herbst (‘Coconut’, ‘Blackberry’). Mit den Serien „Nemesis®“, „Giggles®“ und „Papagena™“ wird diese Entwicklung fortgesetzt. Alle drei Serien sind mit einem breiten Farbspektrum von sechs bzw. neun Sorten auf den Markt. „Magma®“ (siehe Farbtafel S. 61, Abb. 28) hat noch größere Blüten mit einem erweiterten Farbspektrum und wird derzeit mit fünf Sorten angeboten. Die Sorten haben ebenfalls eher annuellen Charakter. Neben dieser innovativen Erweiterung des Sortiments gibt es eine Vielzahl guter und stabiler Serien und Sorten bei *Nemesia caerulea*. Fast alle Sorten werden vegetativ vermehrt. Eine Ausnahme bildet „Poetry“. Trotz generativer Vermehrung blühen die Sorten ausdauernd bis zum Frost, haben einen stabilen Wuchs und beste Blüheigenschaften. Manche vegetativ vermehrte Sorte zeigt weniger Regenerationsvermögen.

Weitere wichtige Serien sind „Kaboutertjes®“, „sel® Elph™“, „Karoo“, „Nemo“, „Lagoon“, „Honey“ und „Vanny“. Alle Sorten werden vegetativ vermehrt. „Kaboutertjes®“-Sorten sind kompakt im Aufbau und blühen sehr früh. ‘David’ (helllila mit gelbem Auge) und ‘Pollewop’ (altrosa mit hellem Auge) sind die kompaktesten Typen, ‘Pimmetje’ (lilablau mit hellem Auge) und ‘Plop’ (rosa mit gelbem Auge) etwas stärker wachsend. Alle Sorten sollten im Juli zurückgeschnitten werden. Danach sind die „Kaboutertjes®“ schnell wieder in voller Blüte. Die Sorten der „sel® Elph™“-Serie sind ebenfalls aufrecht wachsend, kompakt und früh blühend. ‘Dark Blue’ überzeugt durch ihre schöne, dunkelblaulila Farbe. Standfestigkeit und Blühverhalten sind sehr unterschiedlich. Einige Sorten sollten unbedingt zurückgeschnitten werden, da die Samenansätze den Gesamteindruck stören. Bei der „Nemo“-Serie sind alle Sorten sehr früh blühend und von lange anhaltender Reichblütigkeit. Die sich bildenden Samenstände können Mitte Juli zurückgeschnitten werden. Nach wenigen Wochen ist der Bestand wieder dicht und reich blühend.

5.11.3 Kulturführung

Vermehrung

Nemesia werden überwiegend durch Kopfstecklinge vermehrt. Es empfiehlt sich, mehrere Stecklinge als Tuff in einen Topf bzw. eine Palette zu stecken. Bei 20 °C dauert die Bewurzelung etwa zwei Wochen. Oft erfolgt bereits in der Palette, vor der Auslieferung, ein erstes Stutzen.

Substrat

Das Substrat sollte gut wasserdurchlässig sein, um Wurzelschäden durch Staunässe zu vermeiden. Einheitserden oder Torfkultursubstrat mit mittlerer bis starker Aufdüngung haben sich bewährt. Wegen des hohen Eisenbedarfs der Nemesien kann auch ED 73 mit Optifer verwendet werden. Der angestrebte pH-Wert liegt bei 5 bis 6.

Topfgröße

Für eine schnelle Kultur von etwa vier Wochen kann ein 9-cm-Topf Verwendung finden. Bei Kulturbeginn in Woche 9 und früher sollte die Topfgröße mindestens 10,5 cm betragen, auch 13-cm-Töpfe sind möglich, besonders für die Sorten aus interspezifischen Kreuzungen. Für die Ampelproduktion ist es sinnvoll, sofort aus den Anzuchtpaletten in die Ampelgefäße zu topfen. In ein 25-cm-Ampelgefäß werden drei bis vier Jungpflanzen getopft.

Düngung

Bei Verwendung von ED 73 mit Optifer beginnt erst vier bis fünf Wochen nach dem Topfen die regelmäßige Düngung. Ein ausgewogener MND sollte mit jeder Bewässerung gegeben werden. Je nach Einstrahlung und Gefäß, sind ein bis zwei Bewässerungen wöchentlich erforderlich. Bei kleineren Töpfen und starker Sonneneinstrahlung ist die Häufigkeit der Wassergaben eventuell zu erhöhen. Die Düngermenge ist bei einem MND mit 15 bis 18 % N auf maximal 0,1 % zu begrenzen. Bei Bedarf ist zusätzlich ein Eisendünger anzuwenden.

Bewässerung

Nemesien haben einen geringen Wasserbedarf. Sie vertragen vor allem keine stauende Nässe. Bei Anstaubewässerung ist auf einen guten Rückfluss zu achten. Zu hohe Wassergaben führen zu Wuchsdepressionen und Blattvergilbungen.

Temperatur

Nach dem Topfen ist eine Temperatur um 18 °C für maximal zwei Wochen zu empfehlen. Danach kann die Heiztemperatur auf 12 °C abgesenkt werden, die empfohlene Lüftungstemperatur beträgt 15 °C, auch Drop zur Reduzierung des Längenwachstums wird gut vertragen. Die Temperaturen können bis auf 6 °C abgesenkt werden. Zur Reduzierung des Hemmstoff-

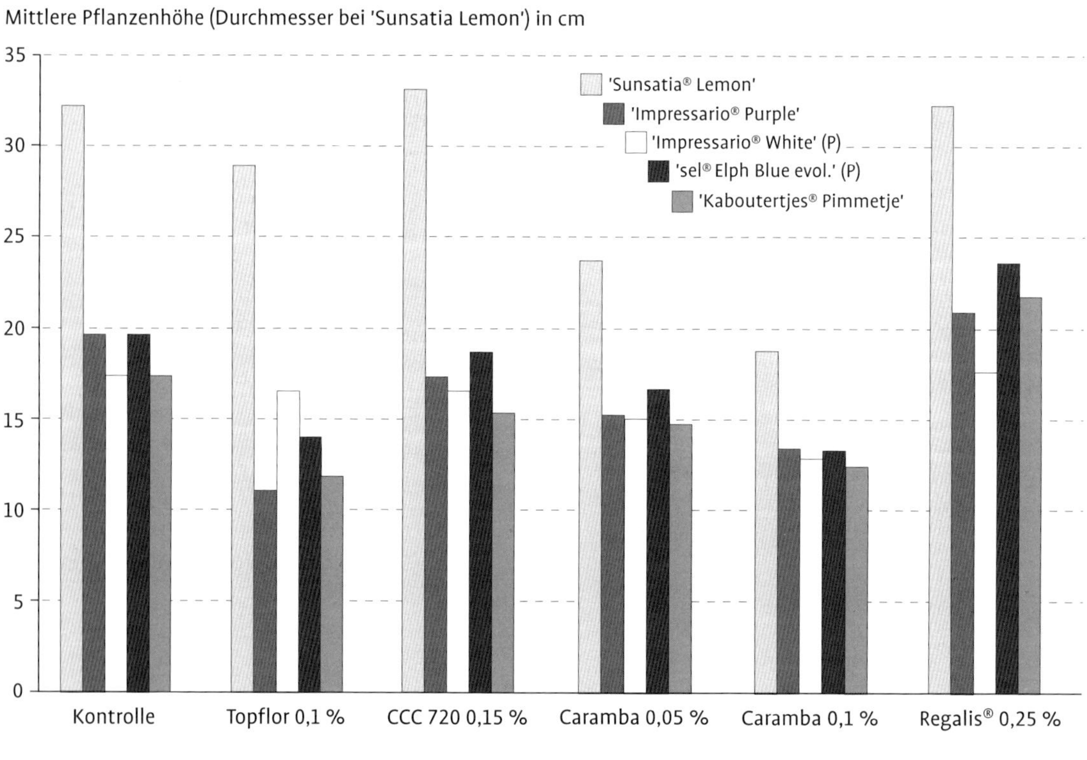

Abb. 18. Einfluss von dreimaligen Hemmstoffbehandlungen auf das Längenwachstum verschiedener Sorten von *Nemesia* (nach UEBER et al. 2005).

Tab. 25. Sortenspezifische Empfehlungen für das Stutzen und für Topfgrößen bei stecklingsvermehrten Nemesien (nach Wartenberg und Lolies 2005, verändert)

Sorte	Stutzen	Topfgröße 9 cm	11 cm	13 cm
'Blue Bird'	ohne			
	1×	++	++	+
	2×			++
'Blue Lagoon'	ohne			
	1×	+	++	
	2×		++	
'Impressario® White' (P)	ohne			
	1×		+	
	2×		+	
'Kaboutertjes® Pollewop'	ohne			
	1×	+	+	
	2×	++	++	
'Magma® Yellow'	ohne			
	1×		+	++
	2×		++	++
'Nemo Carmine'	ohne	+		
	1×	+	++	
	2×			+
'Nemo Skyblue'	ohne	+		
	1×	+	+	+
	2×		++	++
'Nemo White'	ohne	+		
	1×	+	+	
	2×		++	+
'sel® Elph™ Blue evol.' (P)	ohne			
	1×		+	+
	2×		+	+
'Sunsatia® Coconut'	ohne			
	1×		+	
	2×	+	++	+
'Sunsatia® Lemon'	ohne			
	1×			
	2×	+	+	
'Sunsatia® Peach'	ohne			
	1×	+		+
	2×	+	+	++

+ möglich; ++ gut geeignet

einsatzes ist Diff und Drop als Kulturverfahren positiv zu beurteilen. Mit Diff und Drop kann nach dem Anwachsen begonnen werden (siehe Farbtafel S. 62, Abb. 29 bis 31).

Licht

Nemesien benötigen für einen guten Pflanzenaufbau viel Licht. Es sollte daher möglichst nicht schattiert werden. Es sind tagneutrale Pflanzen, eine Verfrühung durch photoperiodisches Licht ist nicht möglich. Mit steigendem natürlichem Lichtangebot – höherer Lichtsumme – wird die Blütenentwicklung beschleunigt. Assimilationslicht ist aufgrund der kurzen Kulturzeit nicht empfehlenswert.

Stutzen

Die meisten Sorten können durch mehrmaliges Stutzen eine gute Pflanzenqualität erreichen. Aus betriebswirtschaftlichen Gründen sollte eine Kombination von einem Stutzdurchgang und chemischer Wachstumsregulierung bevorzugt werden. Die einzelnen Sorten reagieren sehr unterschiedlich. Spätestens vier bis fünf Wochen vor Verkaufstermin sollte letztmalig gestutzt werden (siehe Tab. 25, Seite 105).

Wachstumsregulatoren

Die Anwendung von Hemmstoffen ist für einen kompakten Wuchs unbedingt erforderlich. Empfohlen werden Topflor 0,10 % und Caramba 0,05 bzw. 0,10 % bei mehrmaliger Behandlung. Bei Anwendung von Caramba sollten Probespritzungen durchgeführt werden, da einzelne Sorten mit leichten bis starken Blattrandnekrosen (z. B. 'Sunsatia® Lemon') auf die Behandlung reagieren können. Eine Blühverzögerung tritt nicht auf. Die Wirkung von CCC 720 und Regalis® auf das Längenwachstum von Nemesien ist zu gering und deshalb nicht zu empfehlen (Abb. 18, S. 104).

Platzbedarf

Der Platzbedarf ist abhängig von der Topfgröße und dem Wuchstyp der Sorte und reicht von 50 Pflanzen/m² beim 9-cm-Topf, über 35 bis 40 Pflanzen/m² im 11-cm-Topf und 20 bis 30 Pflanzen/m² im 13-cm-Topf. Vor allem die hängenden Wuchstypen benötigen einen ausreichenden Standraum für eine gute Qualität. Wegen des hohen Lichtbedarfs dürfen auch aufrechte Wuchstypen nicht zu eng kultiviert werden. Die Pflanzen bestocken sich dann nur ungenügend und die Standfestigkeit lässt nach.

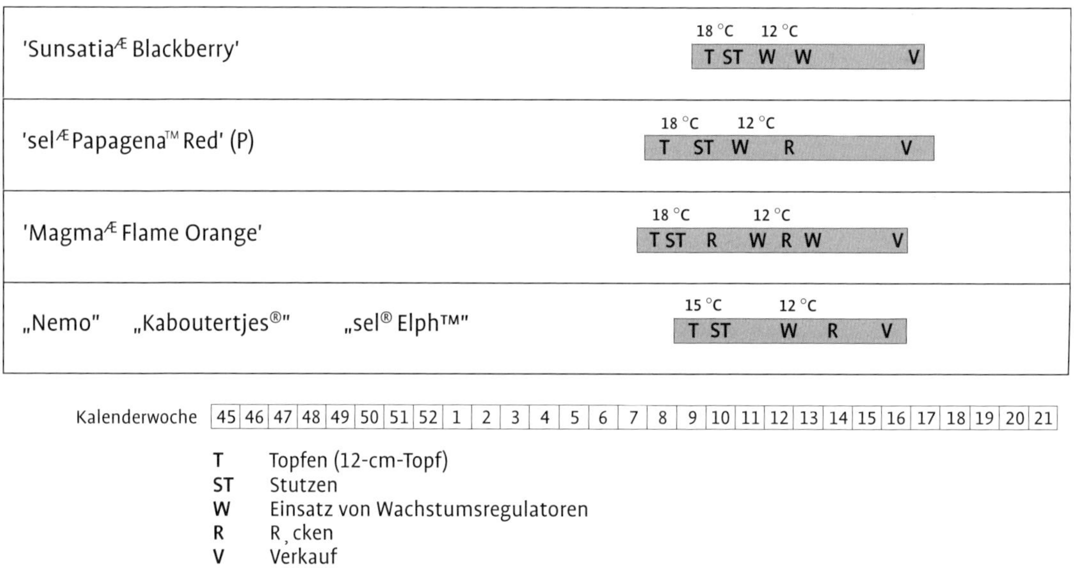

Abb. 19. Kulturschema *Nemesia* (Beispiele).

Tab. 26. Pflanzenschutz bei *Nemesia*, *Sanvitalia*, *Sutera*

Schadensursache	Schadbild	Behandlungsmöglichkeit Präparat*)	Wirkstoff	Bemerkungen
Tierische Schaderreger				
Blattläuse	helle Saugstellen, Läuse an Triebspitzen, eventuell Honigtau	Calypso®	Thiacloprid	systemische Wirkung
		Pirimor®-Granulat	Pirimicarb	Kontaktwirkung
		Plenum® 50 WG	Pymetrozin	Fraß- und Kontaktwirkung
		Florfliege (*Chrysoperla carnea*)		Temperatur > 15 °C
Thripse	helle Einstichstellen an den Blättern	Vertimec®	Abamectin	Fraß- und Kontaktwirkung
		Mesurol flüssig	Methiocarb	Fraß- und Kontaktwirkung, systemisch
				Blautafeln nutzen
Weiße Fliege	Blattunterseite mit Eiablagen und Larvenstadien, Blätter vertrocknen, Verschmutzung durch Honigtau	Nomolt	Teflubenzuron	Fraß- und Kontaktwirkung
		Plenum® 50 WG	Pymetrozin	Fraß- und Kontaktwirkung, systemisch
		Vertimec®	Abamectin	Fraß-, Kontakt- und Tiefenwirkung
		MICULA®	Rapsöl	nicht bei Sonne spritzen
		Schlupfwespe (*Encarsia formosa*)		
				Gelbtafeln nutzen, 1 Tafel auf 20 m^2
Minierfliege	kleine weißliche Einstichstellen in den Blättern, später bräunliche Fraßgänge sichtbar	Vertimec®	Abamectin	Fraß-, Kontakt- und Tiefenwirkung
		NeemAzal-T/S®	Azadirachtin Neem	Fraß- und Kontaktwirkung, systemisch
				erste befallene Blätter sofort entfernen, Unkraut entfernen, Mittel auf Pflanzenverträglichkeit prüfen, Gelbtafeln nutzen
Spinnmilben	Blätter werden graugrün	Apollo	Clofentezin	gegen Eier
		Kanemite	Acequinocyl	gegen Adulte
		Ordoval	Hexythiazox	gegen Eier, Larven, Nymphen

Tab. 26. Pflanzenschutz bei *Nemesia*, *Sanvitalia*, *Sutera* (Fortsetzung)

Schadensursache	Schadbild	Behandlungsmöglichkeit Präparat*)	Wirkstoff	Bemerkungen
Pilzliche Erreger				
Grauschimmel (*Botrytis cinerea*)	Faulstellen an Blättern und Blüten	Teldor®	Fenhexamid	Tiefenwirkung, hinterlässt leichte Spritzflecken
		Rovral®	Iprodion	Tiefenwirkung
Wurzelfäule (*Pythium*)	an Wurzel- und Stängelgrund	Proplant	Propamocarb	alle systemische Wirkung, Aufnahme über die Wurzel
	Weichfäule, vorrangig im	Previcur®N	Propamocarb	
	Jungpflanzenstadium	Fonganil Gold	Metalaxyl-M	
Wurzelfäule (*Phytophthora*)	Fäule am Wurzelhals	Switch®**)	Cyprodinil + Fludioxonil	systemische und protektive Wirkung
		Rovral®	Iprodion	Tiefenwirkung
		Fonganil Gold	Metalaxyl-M	systemische Wirkung
		Previcur® N	Propamocarb	systemische Wirkung
				Hygienemaßnahmen beachten, trockener kultivieren
Echter Mehltau	weißer mehliger Belag auf Blättern,	Ortiva®	Azoxystrobin	systemische und protektive Wirkung
	Stängeln und Blüten	Score®	Difenoconazol	systemische Wirkung
		BioBlatt-Mehltaumittel®	Lecithin	Kontaktwirkung, vorbeugend anwenden
				auf ausreichende Luftzirkulation achten, Luftfeuchtigkeit senken
Virosen				
Tospoviren	Blattnekrosen, Absterben einzelner Triebe	keine		befallene Pflanzen entfernen

*) vor Anwendung von Pflanzenschutzmitteln immer Zulassungssituation prüfen und die Mittel auf Pflanzenverträglichkeit testen
**) an Nemesien Schäden möglich, Probespritzung durchführen

Kulturdauer

Nemesien sind eine klassische Gattung für die Kurzkultur. Sie haben eine sehr kurze Kulturzeit von vier bis acht Wochen, je nach Sorte und Kulturtermin. Vor Woche 9 soll daher mit der Kultur nicht begonnen werden. Ein zu früher Kulturbeginn ist nicht qualitätsfördernd, sondern kostet Arbeitszeit und Produktionsfläche. Zusätzliche Stutz- oder Rückschnittmaßnahmen sind dann erforderlich (siehe Abb. 19, Seite 106).

Pflanzenschutz

Besonderes Augenmerk ist auf Wurzelerkrankungen, Virosen und Thripse zu legen. Blautafeln und regelmäßige Bestandskontrollen sind unerlässlich. Kranke Pflanzen sind sofort zu entfernen. Saugende und beißende Insekten sind so früh wie möglich zu bekämpfen (siehe Tab. 26, Seiten 107/108).

5.12 *Osteospermum ecklonis*, Familie Asteraceae

5.12.1 Heimat

Die Heimat dieser Gattung ist Südafrika. Der dänisch-deutsche Apotheker und Amateurbiologe C. F. Ecklon hat die erste *Osteospermum*-Art in der Natal-Provinz in Südafrika gefunden. Nach ihm ist diese Art benannt. Zur Gattung gehören etwa 70 Arten, Halbsträucher, Stauden und Einjährige, die nur zum Teil aus Südafrika stammen. Einige sind auch auf der arabischen Halbinsel beheimatet.

Viele deutsche Namen stiften immer wieder Verwirrungen. Durchgesetzt hat sich inzwischen die Bezeichnung Kap-Margerite. Sie assoziiert gleichzeitig eine Beziehung zum Ursprungsland Südafrika.

5.12.2 Sortiment

Umfangreiche züchterische Arbeiten an *Osteospermum ecklonis* (siehe Farbtafel S. 62, Abb. 32 und 33) haben diese Gattung zu einer wichtigen und vielfältigen Beet- und Kübelpflanze werden lassen. Ähnelten sich noch vor wenigen Jahren fast alle Sorten in Habitus und Blütenform, so hat sich dieses Bild mittlerweile sehr gewandelt. Neben aufrechten Typen, z. B. 'Sunny Alex', finden wir überhängende, an *Dimorphotheca* erinnernde Serien, wie „Symphony", strauchartige Sorten, z. B. 'Cape Daisy® Kalanga' oder kleine kompakte Pflanzen, wie 'Astra Cream'.

Am Beispiel von *Osteospermum ecklonis* kann Züchtungserfolg hervorragend verdeutlicht werden. Die neuen Sorten sind kleiner, kompakter und vor allem früh blühend ohne Kühlphase. Das Durchblühverhalten im Sommer bleibt allerdings nach wie vor ein wichtiges Zuchtziel. Aus Südafrika oder dem Mittleren Osten kommend, haben die meisten *Osteospermum* Probleme mit unseren heißen Sommertagen.

„Astra" mit sieben Farben gehört zu den frühesten Serien. Bereits in Woche 14/15 (4 Wochen nach dem Topfen) blühen 'Astra Violet' und 'Astra White' und erreichen Ende Mai/Anfang Juni eine sehr gute Reichblütigkeit. Danach lässt der Flor etwas nach. Eine absolute Blühpause tritt nicht ein. Auch im Juli und August kann eine gute bis sehr gute und vor allem eine kontinuierliche Blüte beobachtet werden. Die Sorten der Serie sind kompakt und klein im Wuchs. Bei Kübelpflanzung sollten nicht zu große Gefäße verwendet werden. Für gemischte Bepflanzungen sind die Sorten sehr gut geeignet. Bei Beetpflanzung wird eine Pflanzdichte von mindestens 16 Pflanzen/m^2 empfohlen. 'Astra White' muss zu den schwachwüchsigsten Sorten im gesamten *Osteospermum*-Sortiment gerechnet werden. Die Blüten sind jedoch auch an trüben Tagen gut geöffnet.

„Summertime®"-Sorten sind etwas wüchsiger als „Astra", der Blühbeginn liegt etwas später, kurze Blühpausen sind vorhanden und in den Morgenstunden bleiben die Blüten ähnlich lange geschlossen wie 'Astra White'. Das Farbspektrum reicht vom klassischen Lila bis zu Orange und Mehrfarbigkeit. Bei Beetpflanzung ist eine Pflanzdichte von 12 Pflanzen/m^2 ausreichend.

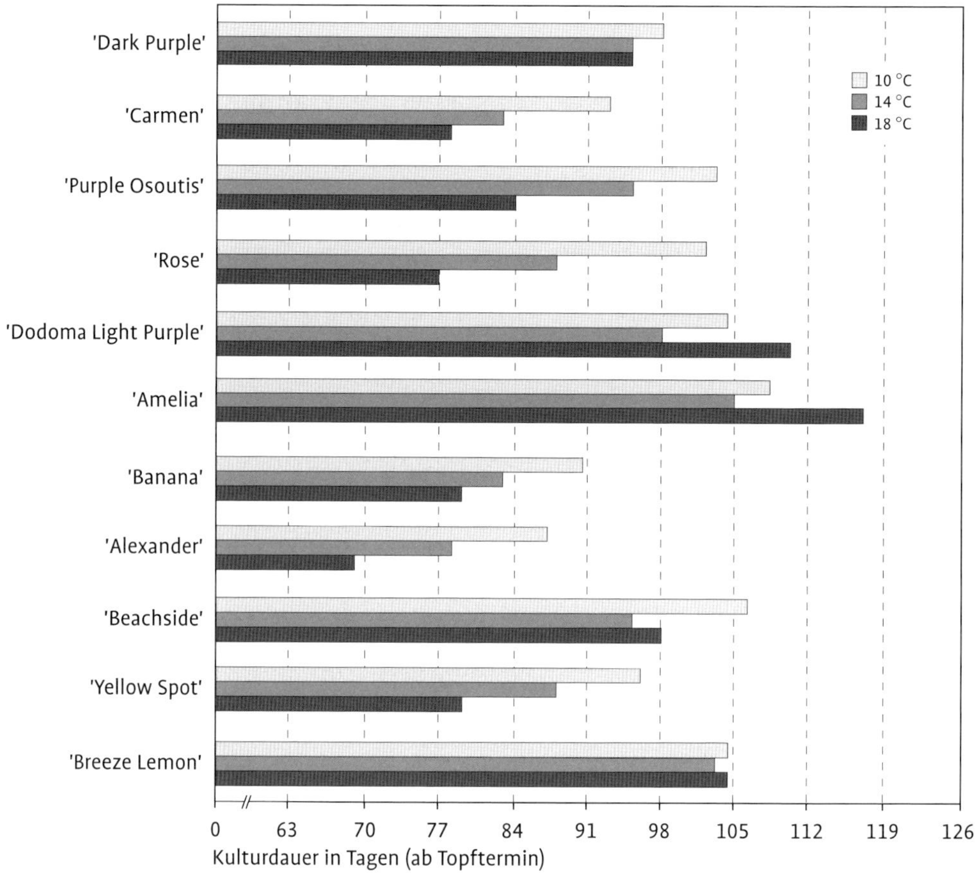

Abb. 20.
Einfluss der Tagesmitteltemperatur auf die Kulturdauer verschiedener Sorten von *Osteospermum* (nach TER HELL 2004).

Mit acht Sorten wird „Ostica™" angeboten. Die schmalen Petalen von 'Ostica Blue Eye' geben der Sorte ein besonders graziles Erscheinungsbild. 'Ostica Blue Eye' und 'Ostica Lilac' blühen auch bei großer Hitze sehr ausdauernd und haben sowohl an trüben Tagen als auch in den Morgenstunden ihre Blüten gut geöffnet. Der Blühbeginn ist bei Anzucht ohne Kühlphase mit Ende Mai/Anfang Juni etwas spät. 'Ostica Lemon' blüht deutlich früher. Für die Beetbepflanzung sind 12 Pflanzen/m^2 ausreichend.

Die bekannte Serie „Cape Daisy®" ist mit einem Sortiment von über 20 Sorten präsent. Sie wurde in den letzten Jahren durch gelbe Sorten erweitert. Die Blüten sind nur bei extrem hoher Einstrahlung (ab 70 klx) vollständig geöffnet. Die Reichblütigkeit wird jedoch durch Hitze negativ beeinflusst. „Cape Daisy®"-Sorten zählen eher zu den stark wachsenden Typen.

Ebenso umfangreich ist „Flower Power™". Der Wuchscharakter ist sehr unterschiedlich und reicht von schwach bis stark wachsend. Viele Sorten erreichen keine Höchstwerte in der Reichblütigkeit, blühen dafür recht kontinuierlich über den Sommer durch.

„Tradewinds®" fallen besonders durch ihre lange geöffneten Blüten auf. Die Reichblütigkeit ist über die gesamte Vegetationsperiode nicht immer gleich gut. Es kommt jedoch nicht zu ausgedehnten Blühpausen.

„Caprivi" zeigt ein ähnliches Blühverhalten. Die Wüchsigkeit der einzelnen Sorten ist sehr unterschiedlich. Die Blütenöffnung, auch bei leicht trüber Witterung, ist gut. Das trifft auch für 'Margarita Helena' zu. Andere Sorten der Serie haben die Blüten deutlich länger geschlossen.

„Symphony", „Los Dimos™" oder „Summerdaisy's®" sind *Osteospermum* mit erkennbaren Eigenschaften von *Dimorphotheca*, also eher mit annuellem Charakter. Sie blühen sehr früh in Gelb, Orange oder cremefarben und haben einen überhängenden Wuchs. Um die Lebensdauer zu verlängern, ist es möglich, Ende Mai unmittelbar vor oder nach der Pflanzung einen Rückschnitt vorzunehmen. Die Pflanzen werden so zu neuem Durchtrieb angeregt. Es tritt eine Blühverzögerung von etwa vier Wochen ein. Die Lebensdauer der Pflanzen wird durch diese Maßnahme ebenfalls um etwa vier Wochen verlängert. Weitere züchterische Arbeit wird sicher zu ausdauernden Sorten führen.

5.12.3 Kulturführung

Vermehrung

Die Vermehrung erfolgt ausschließlich über Kopfstecklinge. Die Bewurzelung dauert, je nach Jahreszeit, drei bis vier Wochen und erfolgt bei 18 bis 20 °C und entsprechender Luftfeuchtigkeit. Durch Langtag kann in den Wintermonaten die Bewurzelung beschleunigt werden, ebenso durch die Anwendung von Bewurzelungspulver.

Substrat

Eine leicht tonhaltige (10 %ige) Topferde mit sehr guter Strukturstabilität hat sich seit Jahren bewährt. Für einige neue Sorten sind Wasserführung und Luftkapazität eine besonders wichtige Komponente, da diese Sorten sehr anfällig für verschiedene Wurzelkrankheiten sind. Das Substrat soll gut aufgedüngt sein, der optimale pH-Wert liegt bei 6,0.

Topfgröße

Der überwiegende Teil der produzierten Ware wird im 12-cm-Topf angeboten. Bei entsprechender Sortenwahl sind auch kleinere oder größere Töpfe möglich (vgl. Sortiment).

Düngung

Osteospermum gehört zu den stark zehrenden Kulturen und muss daher von Beginn an ausreichend ernährt werden. Je nach verwendetem Topfsubstrat muss ein bis zwei Wochen nach dem Topfen mit der Düngung begonnen werden. Gedüngt wird zu Beginn der Kultur mit einem ausgeglichenen MND, später mit einem eher kalibetonten MND. Bei Bewässerungsdüngung kann, je nach Entwicklungsstand der Pflanzen, mit einer Düngerkonzentration von 0,10 bis 0,15 % gearbeitet werden, bei wöchentlicher Düngung mit 0,2 bis 0,3 %. Eine ungenügende Ernährung führt sehr schnell zu Mangelsymptomen und unzureichend bestockten Pflanzen.

Bewässerung

Osteospermum sollen gleichmäßig gut bewässert werden, jedoch ist stauende Nässe zu vermeiden. Während der Kühlphase ist der Bestand deutlich trockener zu halten. Besonders junge Pflanzen reagieren mit gelben Blatträndern auf zu viel Nässe. Der Wasserbedarf dieser Pflanzenart ist im Allgemeinen sehr hoch. Eine zu trockene Kulturführung kann ebenfalls sehr leicht zu Blattschäden und Wuchsdepressionen führen. Eine Ausnahme bilden die Sorten aus interspezifischen Kreuzungen mit einer nahen Verwandtschaft zu *Dimorphotheca*, z. B. 'Symphony'. Diese Sorten sollten etwas trockener kultiviert werden, um Wurzelkrankheiten und frühzeitiges Absterben der Pflanzen zu verhindern.

Temperatur

Zum Anwachsen sollen die Temperaturen für etwa zwei Wochen auf 18 bis 20 °C gehalten werden. Danach sind deutlich niedrigere Temperaturen möglich. Eine Absenkung der Heiztemperatur (HT) auf 12 °C ist ohne Qualitätsverlust möglich. Die niedrigen Temperaturen führen zu einer Verlängerung der Kulturzeit, aber auch zu einem kompakteren Habitus. Die Hemmstoffbehandlung kann so deutlich reduziert werden. Eine vier- bis sechswöchige Kühlphase bis spätestens neun Wochen vor dem geplanten Verkaufstermin beschleunigt die

Tab. 27. Sortenspezifische Kulturführung bei *Osteospermum*

Sorte	Kulturmaßnahme	Wachstumsregler	Geeignete Tagesmitteltemperatur (TMT) für die Produktion in °C			
			12	**14**	**16**	**18**
'Lemon Symphony'	Stutzen		ja	ja	ja	ja
	Hemmstoffbehandlung	ohne	nicht möglich	nicht möglich	nicht möglich	nicht möglich
		Topflor	geringer Bedarf	mittlerer Bedarf	mittlerer Bedarf	hoher Bedarf
		CCC 720	geringer Bedarf	mittlerer Bedarf	mittlerer Bedarf	hoher Bedarf
		Caramba	mittlerer Bedarf	hoher Bedarf	hoher Bedarf	hoher Bedarf
		Regalis®	geringer Bedarf	mittlerer Bedarf	mittlerer Bedarf	hoher Bedarf
	negativ Diff und Drop			ja	ja	nur Drop*)
'Cape Daisy® Kalanga'	Stutzen				ja	ja
	Hemmstoffbehandlung	ohne	nicht möglich	nicht möglich	nicht möglich	nicht möglich
		Topflor	geringer Bedarf	hoher Bedarf	hoher Bedarf	hoher Bedarf
		CCC 720	geringer Bedarf	hoher Bedarf	hoher Bedarf	hoher Bedarf
		Caramba	geringer Bedarf	hoher Bedarf	hoher Bedarf	hoher Bedarf
		Regalis®	geringer Bedarf	hoher Bedarf	hoher Bedarf	hoher Bedarf
	negativ Diff und Drop			ja	ja	nur Drop*)
'Astra Rose'	Stutzen		nein	nein	nein	nein
	Hemmstoffbehandlung	ohne	ja	ja	ja	ja
		Topflor	nein	nein	nein	nein
		CCC 720	nein	nein	nein	nein
		Caramba	nein	nein	nein	nein
		Regalis®	nein	nein	nein	nein
	negativ Diff und Drop			ja	ja	nur Drop*)

*) bei 18 °C TMT negativ Diff aus energetischen/wirtschaftlichen Erwägungen nicht zu empfehlen, aus pflanzenbaulicher Sicht möglich

Induktion. Hohe Temperaturen können die Induktion, je nach Sorte, deutlich verzögern. Wie unterschiedlich die einzelnen Sorten mit ihrem Blühverhalten auf die Temperatur reagieren, ist in Abbildung 20 auf Seite 110 dargestellt. Moderne Sorten blühen heute auch ohne Kühlphase. Eine Information zum Kühlbedürfnis durch den Jungpflanzenlieferanten ist unbedingt erforderlich. Die meisten *Osteospermum*-Sorten vertragen auch leichte Fröste von bis zu −3 °C. Ein Umräumen in die kalte Folie ist bei Platzmangel im April sehr gut möglich. Zu achten ist dann auf ausreichende Lüftungsmöglichkeiten über den Tag.

Licht

Der hohe Lichtbedarf macht eine Schattierung überflüssig. Für frühe Verkaufstermine im April ist während der Wachstums- und Induktionsphase ab Anfang März Assimilationslicht (3000 lx) als Tagverlängerung auf 16 Stunden notwendig. Photoperiodische Tagverlängerungen (500 lx) auf 16 Stunden führen zu locker aufgebauten Pflanzen mit langen Trieben. Die Blüteninduktion wird nicht beschleunigt.

Stutzen

Eine Woche nach dem Topfen wird einmalig gestutzt oder entspitzt. Dieser Arbeitsgang kann auch in der Vermehrungspalette erfolgen. Zu Beginn des Austriebs muss dann jedoch spätestens getopft werden.

Wachstumsregulatoren

Die erforderliche Reduzierung des Streckungswachstums ist in hohem Maße sortenabhängig. Durch die Temperaturstrategien negativ Diff und Drop kann der Einsatz von Hemmstoffen deutlich reduziert werden. Auch führen niedrige Kulturtemperaturen bei vielen Sorten zu deutlich kompakteren Pflanzen. Häufig wird CCC 720 als Hemmstoff eingesetzt. Aber auch alle anderen auf dem Markt zur Verfügung stehenden Mittel sind bei *Osteospermum* anwendbar. Auf die Blütenfarbveränderung nach Regalis®-Spritzung ist jedoch zu achten. Die Behandlung sollte bei einer Austriebslänge von 2 bis 3 cm beginnen. Eine Kombination verschiedener Hemmstoffe ist möglich. Anwendungskonzentration und Anwendungshäufigkeit sind so stark sortenspezifisch, dass keine allgemeine Empfehlung sinnvoll erscheint. Wichtig

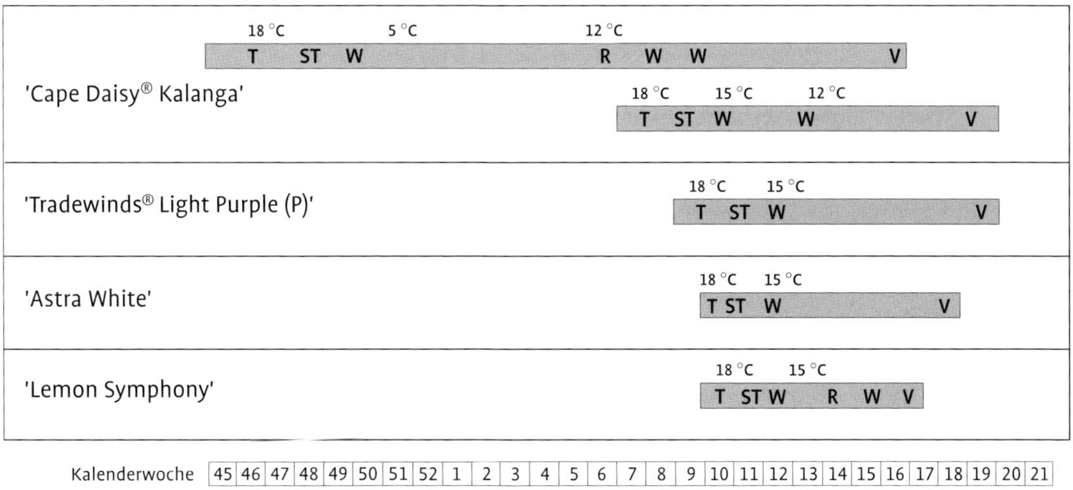

T Topfen (12-cm-Topf)
ST Stutzen
W Einsatz von Wachstumsregulatoren
R Rücken
V Verkauf

Abb. 21. Kulturschema *Osteospermum* (Beispiele).

Tab. 28. Pflanzenschutz bei *Osteospermum*

Schadensursache	Schadbild	Behandlungsmöglichkeit Präparat*)	Wirkstoff	Bemerkungen
Tierische Schaderreger				
Blattläuse	helle Saugstellen, Läuse an Triebspitzen, eventuell Honigtau	Calypso®	Thiacloprid	systemische Wirkung
		Pirimor®-Granulat	Pirimicarb	Kontaktwirkung
		Plenum® 50 WG	Pymetrozin	Fraß- und Kontaktwirkung, systemisch
		Florfliege (*Chrysoperla carnea*)		Temperatur > 15 °C
Thripse	helle Einstichstellen an den Blättern	Vertimec®	Abamectin	Fraß- und Kontaktwirkung, Tiefenwirkung
		Mesurol flüssig	Methiocarb	Fraß- und Kontaktwirkung, systemisch
				Blautafeln nutzen
Weiße Fliege	Blattunterseite Eiablagen und Larvenstadien, Blätter vertrocknen, Verschmutzung durch Honigtau	Nomolt	Teflubenzuron	Fraß- und Kontaktwirkung, Tiefenwirkung
		Plenum® 50 WG	Pymetrozin	Fraß- und Kontaktwirkung, systemisch
		Vertimec®	Abamectin	Fraß- und Kontaktwirkung, Tiefenwirkung
		MICULA®	Rapsöl	nicht bei Sonne spritzen
		Schlupfwespe (*Encarsia formosa*)		
				Gelbtafeln nutzen, 1 Tafel auf 20 m²
Minierfliege	kleine weißliche Einstichstellen in den Blättern, später bräunliche Fraßgänge sichtbar	Vertimec®	Abamectin	Fraß- und Kontaktwirkung, Tiefenwirkung
		NeemAzal-T/S®	Azadirachtin Neem	Fraß- und Kontaktwirkung, systemisch
				erste befallene Blätter sofort entfernen, Unkraut entfernen, Mittel auf Pflanzenverträglichkeit prüfen, Gelbtafeln nutzen
Spinnmilben	Blätter werden graugrün	Apollo	Clofentezin	gegen Eier
		Kanemite	Acequinocyl	gegen Adulte
		Ordoval	Hexythiazox	gegen Eier, Larven, Nymphen

Tab. 28. Pflanzenschutz bei *Osteospermum* (Fortsetzung)

Schadensursache	Schadbild	Behandlungsmöglichkeit Präparat*)	Wirkstoff	Bemerkungen
Pilzliche Erreger				
Falscher Mehltau	Vergilben und Einrollen der Blätter, Absterben der Blätter	Dithane Neo Tec®	Mancozeb	Kontaktwirkung, hinterlässt Spritzflecken
		Forum®	Dimethomorph	Tiefenwirkung, protektiv, antisporulierend
		Acrobat Plus® WG	Mancozeb + Dimethomorph	Tiefenwirkung
Wurzelfäule (*Pythium*)	an Wurzel- und Stängelgrund Weichfäule, vorrangig im Jungpflanzenstadium	Proplant	Propamocarb	alle systemische Wirkung, Aufnahme über die Wurzel
		Previcur® N	Propamocarb	
		Fonganil Gold	Metalaxyl-M	
Virosen				
Tospoviren	Blattnekrosen	keine		befallene Pflanzen entfernen, Thripsbehandlung

*) vor Anwendung von Pflanzenschutzmitteln immer Zulassungssituation prüfen und die Mittel auf Pflanzenverträglichkeit testen

ist, unmittelbar nach der Kühlphase eine Hemmstoffbehandlung durchzuführen, da mit steigender Temperatur das Längenwachstum kräftig zunimmt. Zur Wuchshemmung der Blütenstiele kann es für einige Sorten sinnvoll sein, Ende April eine letzte Behandlung durchzuführen (siehe Tab. 27, Seite 112).

Platzbedarf

Je nach Topfgröße und Sorte wird mit einem Platzbedarf von 20 bis 45 Pflanzen/m² gerechnet (vgl. Sortiment).

Kulturdauer

Die Kulturdauer hängt von der Sorte, in sehr starkem Maße aber auch von dem gewählten Kulturverfahren ab. Auch bei *Osteospermum* ist eine Kurzkultur ab Woche 9 mit Blüte ab Woche 20 möglich. Bei Kaltkultur mit Topftermin in Woche 45 wird ein Blühbeginn ab Woche 14 angestrebt. Für die Normalkultur wird von Woche 3 bis Woche 7 getopft. Für Sorten, die eine Kühlphase benötigen, muss der frühere Topftermin gewählt werden (siehe Abb. 21, Seite 113).

Pflanzenschutz

Eine regelmäßige Kontrolle auf Befall von beißenden und saugenden Insekten ist zu gewährleisten. Gelb- und Blautafeln sind dafür geeignete Hilfsmittel. Einige Sorten sind anfällig für Virosen. Infizierte Pflanzen müssen sofort aus dem Bestand entfernt werden. Bei unsachgemäßer Bewässerung besteht die Gefahr von Wurzelerkrankungen (siehe Tab. 28).

5.13 *Pelargonium zonale*, *P. peltatum*, Familie Geraniaceae

5.13.1 Heimat

Die Ausgangsarten unserer Pelargoniensorten stammen aus Südafrika. *Pelargonium zonale* ist in Südafrika weit verbreitet. Man findet sie in vielen Regionen, besonders häufig in den Küstengebieten der südlichen Kap-Provinz. Sie wächst am Rande der einheimischen Wälder oder auf steinigen und sonnigen Hügelhängen. In voller Sonne wachsend, sind die Pflanzen zyklischen Trocken- und Regenperioden ausgesetzt. Sie stehen deshalb den Sukkulenten sehr nahe. *Pelargonium peltatum* findet man in der Kap-Provinz von Weelington bis East London. Sie wächst allgemein an geschützten Stellen im Küstengebiet oder im sukkulenten Gebüsch.

Pelargonien gelten als tagneutral, ihre Entwicklung und Blütenbildung ist jedoch sehr stark von der angebotenen Lichtmenge abhängig.

5.13.2 Sortiment

Die Pelargonie ist und bleibt die Nummer 1 unter den Beet- und Balkonpflanzen. Die meisten *Zonale*-Hybriden sind aus Kreuzungen mit *P. zonale* und *P. inquinans* hervorgegangen. Der Ursprung für die heutigen *Peltatum*-Hybriden liegt vermutlich in Kreuzungen von *P. peltatum* × *P. lateripes*. In einem nahezu unüberschaubaren Sortiment von *Zonale*- und *Peltatum*-Hybriden sind Neuheiten immer wieder begehrt. Sowohl kompakt wachsende als auch kräftig wachsende Sorten mit früher Blüte, großer Reichblütigkeit, leuchtenden Blütenfarben und großer Wetterfestigkeit (Regen und starke Sonneneinstrahlung) finden ihre Abnehmer. Dabei ist die Witterungsbeständigkeit nicht nur für die Blüten von Belang, sondern auch das Blattwerk soll sich nicht verfärben oder faulen. Neben der Blütenanzahl pro Pflanze spielen auch die Verteilung der Dolden auf der Pflanze sowie die Kontinuität der Blütenbildung eine wichtige Rolle bei der Beurteilung einer Sorte. Für Züchter und Jungpflanzenfirmen ist außerdem die Vermehrbarkeit ein wichtiger wirtschaftlicher Faktor.

Ständig erweitern neue Sorten das Sortiment. Das Bundessortenamt registriert jährlich über 100 Sorten, die zum Sortenschutz angemeldet werden.

Pelargonium-Zonale-Gruppe

Die große Vielfalt des Sortimentes macht es unmöglich, auch nur annähernd einen repräsentativen Ausschnitt aus dem Angebot zu betrachten. Von klein für Topf und Fensterbrett („Little Lady®") bis groß und ausladend wachsend („Gen® Trend") ist im Sortiment alles vorhanden. Für den Produzenten stellt sich die Frage des Kulturverfahrens. Die klassische Kaltkultur nimmt an Bedeutung ab, für altbewährte Sorten hat sie allerdings vielerorts sicher noch ihre Berechtigung. Zunehmend werden „schnelle" Sorten nachgefragt, die auch bei kurzer Kulturzeit von sieben bis acht Wochen zu Premiumware heranwachsen können, wie 'Sil Linus', 'Gen® Lorca Dark', 'Pelfi® Bravo Dark Pink' oder 'Avenida Mosaik Purple' (siehe Farbtafel S. 63, Abb. 34). Kompakte Sorten sind wegen ihres geringen Hemmstoffbedarfs wirtschaftlich interessant, z. B. 'sel® Moonlight® Luca' (P), 'Pelfi® Gloria® 06', 'pac® Meloda', 'Grandeur® Dark Velvet Red', 'Gen® Serena', 'Red Fox Amanda' oder 'Sil Linus'.

Als Besonderheit im Sortiment werden die „Stellar"-Typen angeboten. Die besondere Blütenform macht diese Sorten interessant. Die Pflanzen wachsen aufrecht, sind außerordentlich reichblütig mit schöner Zonierung des Blattes. Angeboten werden die Serien „Fireworks®", „sel® Flash" oder „Graffiti®" (siehe Farbtafel S. 63, Abb. 35). Für die Beetbepflanzung sind als Alternative zu den samenvermehrten F_1-Sorten die Serien „Saxonia®" und „Caliente" interessant. Die Sorten wachsen buschig, sind hervorragende Bodendecker, witterungstolerant und gute Dauerblüher.

Mit 5 Pflanzen/m^2 werden auch deutlich weniger Pflanzen für die Beetbepflanzung benötigt. Für die Produktion von Pyramiden eignen sich die Sorten der Serie „Antik®" sehr gut. Farblich dominiert Rot das Sortiment, gefolgt von Rosa.

Pelargonium-Peltatum-Gruppe
Diese Sorten haben einen hängenden oder halb hängenden Wuchs und festeres Laub. Verwendung finden sie vor allem für Balkonkästen und als randumspielende Pflanzen für kleinere und große Gefäße. Es wird zwischen kurztriebigen, eher windfesten, und langtriebigen, eher windempfindlichen Sorten unterschieden.

Einfach blühende Sorten bestimmten über viele Jahre das Sortiment. Zunehmend kommen gefüllt und halb gefüllt blühende Sorten dazu.

Beliebt sind nach wie vor Serien wie „Cascade®", „Blizzard®", „Balcon" mit ihren einfachen Blüten und dem reichen Blütenflor. Ebenso reichblütig ist 'Evka', eine einfach blühende, halb hängende Sorte mit hellgrünem Laub und weißem Rand. Schon zu Beginn der Blühperiode hat diese Sorte durch ihre besondere Laubfärbung eine attraktive Wirkung. Sonderfarben und Sorten mit gefüllten Blüten gibt es heute bei jedem Jungpflanzenproduzenten. Stellvertretend für eine Vielzahl Sorten in diesem Bereich seien 'selc Royal™ Red Rose' (P) und 'Red Fox Pacific Merlot' genannt.

In einem umfangreichen Pelargoniensortiment sollten „Angeleyes®"-Sorten (siehe Farbtafel S. 63, Abb. 36), Buntblattpelargonien oder Duftpelargonien nicht fehlen. Der Trend zu Besonderheiten und in der Küche verwendbaren Zierpflanzen zieht sicher auch junge Menschen an und ermöglicht es neue Kunden zu gewinnen.

In Deutschland weniger bedeutend sind die generativen F_1-Sorten. Sie werden fast ausschließlich für die Beetbepflanzung verwendet. Im Vergleich zu den vegetativen Sorten sind hier nur wenige Serien auf dem Markt. „Maverick", „Avanti" und „Horizon" sind großblütige Serien mit grünem gut zoniertem Laub. Bei 'Bull's Eye' ist das dunkle Laub mit seinem Konstrast zu den Blüten sehr dekorativ.

5.13.3 Kulturführung

Vermehrung
Die Vermehrung erfolgt durch Stecklinge, die bei *Pelargonium zonale* wieder eher geschnitten als gebrochen werden. Geschnitten wird über dem Nodium, bei einer Stecklingsgröße mit zwei bis drei Blättern. Wegen der großen Gefahr der Virus- und Bakterienübertragung muss mindestens nach jeder Sorte das Messer gewechselt und gründlich desinfiziert werden. In der Regel erfolgt die Desinfektion in 70 %igem Alkohol. Eine Behandlung mit Wurzelhormonen fördert die Wurzelentwicklung. Vor allem in der lichtarmen Periode kann die Wurzelbildung deutlich verbessert werden. 18 bis 20 °C Luft- und 20 °C Bodentemperatur sind für eine zügige Bewurzelung erforderlich, für Kallusstecklinge sind 18 °C ausreichend. Bei zu hoher Temperatur kommt es leicht zu einer verstärkten Kallusbildung, verbunden mit einer erhöhten Anfälligkeit für pilzliche Infektionen. Die Bewurzelung dauert, je nach Jahreszeit, Ausgangsmaterial und Sorte, etwa drei Wochen. Bei Kallusstecklingen sind zwei Wochen ausreichend. Neben Stecklingen und Kallusstecklingen werden Jungpflanzen überwiegend im Jiffy 7 angeboten. Wegen der höheren Transportkosten gehen die Jungpflanzenbetriebe jedoch heute zu kleineren Ballensystemen über. Dabei hat jeder Jungpflanzenlieferant sein eigenes System entwickelt. Die Selecta Klemm GmbH & Co. KG liefert Selstar-Stecklinge mit Miniballen. Hier ist das Bewurzelungsrisiko gemindert. Sie stellen ein Zwischenprodukt zwischen Kallussteckling und bewurzelter Jungpflanze dar. Selstar-Stecklinge sind besonders für das Direktstecken in den Endtopf geeignet.

Pelargonien-Fischer liefert einen Kleinballen unter der Bezeichnung Quickstep, Dümmen seit 1994 Jungpflanzen unter der Bezeichnung Economix. Der Economix hat einen 3-cm-Vermehrungspresstopf, bestehend aus Weißtorf mit 20 bis 25 % Perlite und etwas Dünger. Um den Zusammenhalt des Ballens zu gewährleisten, ist ein organisches Bindemittel beigegeben. Der Topf ist nur leicht gepresst, um die hohe Lufthaltekraft des Torfes zu erhalten. Das System ist in Verbindung mit den Trays zu sehen, in denen die Pflanzen ausgeliefert werden. Bis zu zehn Tage können diese Jungpflanzen bis zum Topfen in den Trays bleiben, wodurch eine größere arbeitswirtschaftliche Flexibilität erreicht wird.

Aussaat

Die Aussaat erfolgt ab Mitte Februar bis Anfang März direkt in den Endtopf oder in Jiffy's. Gleichmäßige Feuchte und Temperaturen um 20 °C sind für eine gute Keimung erforderlich. Nach Ausbildung des zweiten Laubblattes kann die Temperatur langsam auf 15 °C abgesenkt werden.

Substrat

Pelargonien werden, um von Beginn an eine ausreichende Versorgung mit Nährstoffen zu gewährleisten, in ein Topfsubstrat aus einem Ton-Torf-Gemisch getopft. Das Substrat sollte nicht zu leicht sein und einen pH-Wert von etwa 6 haben. Da Pelargonien stark zehrend und gut salzverträglich sind, kann der Salzgehalt bis zu 3 g/l betragen.

Topfgröße

Überwiegend kommen 10,5- bis 12-cm-Töpfe zur Anwendung, je nach Kulturbeginn. Bei speziellen Angebotsformen sind nach unten und oben abweichende Größen möglich. Gerade bei der Kaltkultur kann ein größerer Topf das Kulturrisiko minimieren.

Düngung

Bei gut aufgedüngtem Substrat erfolgt die weitere Düngung erst nach dem Anwachsen. Bei Verwendung von Pikiersubstrat muss wenige Tage nach dem Topfen mit dem Düngen begonnen werden. Bevorzugt wird zu Beginn der Kultur ein ausgeglichener MND. Nach Sichtbarwerden der ersten Knospen ist eine Umstellung auf einen kalibetonten MND empfehlenswert. Dieses Düngungsregime führt zu festem Gewebe, erhöhter Widerstandsfähigkeit und einer guten Farbausprägung. Bei wöchentlicher Düngung sollte die Konzentration 0,3 % betragen, bei Bewässerungsdüngung sind 0,1 % ausreichend.

Bewässerung

Während der Hauptwachstumszeit sollen die Pflanzen gleichmäßig feucht, aber nie nass gehalten werden. Stauende Nässe ist zu vermeiden, da sonst Wurzelfäule auftreten kann. Durch eine eher trockene Kulturführung werden Krankheiten vermieden, die Blüteninduktion wird unterstützt und Hemmstoffe werden eingespart. Eine relative Luftfeuchtigkeit von 60 bis 85 % gilt als optimal. Bei Überschreitung dieser Werte wird die Transpiration deutlich vermindert und damit die Nährstoffaufnahme reduziert. Wird zusätzlich sehr nass kultiviert, erhöht sich der Turgor. Besonders bei *P. peltatum* kommt es bei den beschriebenen Bedingungen zum Platzen der Zellen, es entstehen Korkwucherungen. Außerdem entwickeln sich bei zu viel Feuchtigkeit mastige Pflanzen mit weichem Gewebe, die für eine Vielzahl von Krankheiten anfällig sind.

Temperatur

Nach dem Topfen der Jungpflanzen darf die Bodentemperatur bis zum Durchwurzeln 15 °C nicht unterschreiten, 18 bis 20 °C sind als optimal anzusehen. In Gewächshäusern, die schlecht isoliert sind, ist jedoch eine Temperatur von 16 bis 18 °C meistens wirtschaftlicher. Beste Qualitäten während des vegetativen Wachstums werden mit einer Tagesmitteltemperatur (TMT) von 18 °C erreicht. Hohe Tag- und niedrige Nachttemperaturen sind vorteilhaft für das vegetative Wachstum, wobei die Unterschiede zwischen Tag- und Nachttemperatur 6 °C möglichst nicht überschreiten sollen. Das Streckungswachstum wird stark gefördert. Bei stark wachsenden Sorten kann das zu einem erhöhten Hemmstoffbedarf führen. Temperaturen unter 15 °C verzögern die Kulturdauer sehr stark. Unter 10 °C färben sich die Blätter rot und gelb. Temperaturen über 21 °C wirken sich jedoch nicht mehr beschleunigend auf den Blühtermin aus. Temperaturen von 30 °C über 12 Stunden führen zu deutlichen Chlorosen. Optimal ist ein Kulturbeginn in Woche 5 bis 7 bei einem Temperaturregime von 18 bis 20 °C tags und 14 °C nachts (TMT 17 bis 18 °C). Negativ Diff (14 °C Tag/18 °C Nacht) führt zu sehr kompakten Pflanzen mit vielen Seitentrieben. Die TMT von 16 °C darf nicht unterschritten werden. Zu geringe TMT führen bei allen Sorten zu einer Kulturzeitverlängerung.

In einigen Betrieben wird noch die Kaltkultur praktiziert. Bei entsprechender Vorkultur kann die Temperatur bis auf 4 °C abgesenkt werden. Die Risiken dieses Kulturverfahrens sind hoch. Schnelleren Kulturführungen ist der Vorzug zu geben. Ausführliche Informationen zu diesem Verfahren sind in Kapitel 3.1. nachzulesen.

Licht

Pelargonien sollen so hell wie möglich kultiviert werden. Sie assimilieren erst bei 1500 lx, ab 5000 lx ist, je nach Sorte, ein mäßiger bis guter Zuwachs zu erreichen. Zusatzlicht ist daher nur in Mutterpflanzenbeständen wirtschaftlich sinnvoll. Ab 50 klx wird das Wachstum wieder eingeschränkt, die beste Assimilationsleistung wird bei 22 bis 27 klx erreicht, das heißt, Schattieren ist frühestens ab 30 klx zu empfehlen. Da Pelargonien Lichtsummenblüher sind und nicht tageslängenabhängig, sollte auf ein Schattieren möglichst verzichtet werden. Ein helles Frühjahr kann den Blühbeginn deutlich verfrühen.

Stutzen

Viele Sorten des heutigen *P.-zonale*-Sortiments müssen nicht mehr gestutzt werden. Sie sind selbstverzweigend und bauen sich auch ohne Stutzen gut auf. Bei stark wachsenden Sorten sollte für einen harmonischen Aufbau auf das Stutzen, bis spätenstens acht Wochen vor dem Verkaufstermin, nicht verzichtet werden.

P. peltatum müssen entspitzt werden. Für einen guten Pflanzenaufbau ist es günstig, weich zu entspitzen und auf ein kräftiges Stutzen, z. B. um noch einen Steck-

Tab. 29. Ursachen für Qualitätsmängel bei Pelargonien (nach Ganninger-Hauck 1993)

Pflanze zu klein	Pflanze zu groß	Pflanzen schlecht aufgebaut	Pflanze blüht nicht
zu spät begonnen	zu wenig Hemmstoffe	zu enger Stand	zu dunkel kultiviert
zu kalt kultiviert (vor allem zu kalt begonnen)	zu viel Wasser	zu spät gestutzt (sortenspezifisch)	zu kalt kultiviert
ungenügende Ernährung	zu hohe Luftfeuchtigkeit	zu dunkel kultiviert	zu spät begonnen
zu nass kultiviert (Wurzelschäden)	zu eng kultiviert	zu warm kultiviert	zu schlechte Ernährung
zu starker Hemmstoffeinsatz	zu dunkel gestanden	Hemmstoffeinsatz nicht zum richtigen Termin erfolgt	unsachgemäße Anwendung von Pflanzenschutzmitteln
	in den Untergrund gewurzelt, Folge: zu viele Nährstoffe zu früh begonnen zu einseitig mit Stickstoff versorgt	Blüten faulen wegen zu hoher Luftfeuchtigkeit	

Tab. 30. Pflanzenschutz bei *Pelargonium*

Schadensursache	Schadbild	Behandlungsmöglichkeit Präparat*)	Wirkstoff	Bemerkungen
Tierische Schaderreger				
Blattläuse	helle Saugstellen, Läuse an Triebspitzen, eventuell Honigtau	Calypso®	Thiacloprid	systemische Wirkung
		Pirimor®-Granulat	Pirimicarb	Kontaktwirkung
		Plenum® 50 WG	Pymetrozin	Fraß- und Kontaktwirkung, systemisch
		Florfliege (*Chrysoperla carnea*)		Temperatur > 15 °C
Thripse	helle Einstichstellen an den Blättern	Vertimec®	Abamectin	Fraß- und Kontaktwirkung, Tiefenwirkung
		Mesurol flüssig	Methiocarb	Fraß- und Kontaktwirkung, systemisch
				Blautafeln nutzen
Trauermückenlarven	fußlose Larven mit schwarzer Kopfkapsel im Substrat, Schädigung der Wurzeln, bei starkem Befall auch im Stängelgrund, Pflanzen welken und sterben ab	Nematode (*Steinernema feltiae*)		Kulturbedingungen optimieren
Pilzliche Erreger				
Grauschimmel (*Botrytis cinerea*)	Faulstellen an Blättern und Blüten	Teldor®	Fenhexamid	Tiefenwirkung, hinterlässt leichte Spritzflecken
		Rovral®	Iprodion	Kontakt- und Tiefenwirkung
		Euparen® M WG	Tolylfluanid	Kontakt- und Tiefenwirkung, hinterlässt starke Spritzflecken
Wurzel- und Stängelgrundfäule (*Pythium*)	an Wurzel- und Stängelgrund Weichfäule, vorrangig im Jungpflanzenstadium	Proplant	Propamocarb	alle systemische Wirkung, Aufnahme über die Wurzel
		Previcur®N	Propamocarb	
		Fonganil Gold	Metalaxyl-M	
Pelargonienrost (*Puccinia pelargonii-zonalis*)	Blattoberseite helle Flecken, Unterseite braune Sporenlager	Ortiva®	Azoxystrobin	systemische und protektive Wirkung
		Polyram® WG	Metiram	vorbeugende Wirkung
		Dithane Neo Tec®	Mancozeb	Kontaktwirkung, hinterlässt starke Spritzflecken

Tab. 30. Pflanzenschutz bei *Pelargonium* (Fortsetzung)

Schadensursache	Schadbild	Behandlungsmöglichkeit Präparat*)	Wirkstoff	Bemerkungen
Bakterien				
Bakterielle Welke (*Xanthomonas hortorum* pv. *pelargonii*)	Welken einzelner Blätter, später Vergilben der Blätter und Absterben der ganzen Pflanze	MENNO Florades	Benzoesäure	keine Bekämpfung möglich, Hygiene, Desinfektion, gesundes Pflanzenmaterial
Virosen				
Tospoviren	chlorotische Ringflecken auf Blättern, Deformationen an Blättern, Triebspitze und Blüten	keine		befallene Pflanzen entfernen

*) vor Anwendung von Pflanzenschutzmitteln immer Zulassungssituation prüfen und die Mittel auf Pflanzenverträglichkeit testen

ling zu gewinnen, zu verzichten. Für einige Sorten kann auch ein mehrmaliges Pinzieren sinnvoll sein. Die Triebe bleiben kürzer und treiben wesentlich besser aus. *P. peltatum* müssen für eine problemlose Vermarktung gestäbt oder mit anderen Hilfsmitteln gestützt werden. Bei rechtzeitiger Realisierung dieses Arbeitsschrittes ist der Aufwand im Vergleich zum erhöhten Aufwand bei der Vermarktung gering.

Wachstumsregulatoren

Für stark und mittelstark wachsende Sorten sind ein oder mehrere Hemmstoffbehandlungen für eine gute Qualität unerlässlich. Einige schwächer wachsende Sorten (vgl. Sortiment) können bei optimaler Temperaturführung und reduzierten Wassergaben auch ohne Hemmstoffe kultiviert werden. CCC 720 (0,15 %), Caramba (0,10 %) und Topflor (0,05 % *P. zonale*, 0,10 % *P. peltatum*) haben eine gute Stauchewirkung bei Pelargonien. Mehrmalige Anwendungen können erforderlich sein. Durch Zusatz des Netzmittels TS-Forte kann die Wirkung von Caramba verstärkt werden, die von CCC 720 jedoch nicht.

Platzbedarf

Der Platzbedarf richtet sich nach Kulturbeginn, Topfgröße und Sorte. Bei Premiumqualität dürfen nur 16 bis 18 Pflanzen/m^2 im Endstand aufgestellt werden, für Standardqualität sind es 20 bis 30 Pflanzen/m^2, für Economyware sind auch 40 bis 60 Pflanzen/m^2 möglich.

Produktform

Die große Sortenvielfalt ermöglicht es, alle nur denkbaren Produktformen anzubieten. Vom 9-cm-Topf bis zur 30-cm-Ampel und von dekorativen Pyramiden über Stämmchen ist alles möglich. Entscheidend ist die richtige Sortenwahl für die jeweilige Angebotsform.

Kulturdauer

Die Kulturdauer ist abhängig von Sorte, Topftermin und Topfgröße. Bei 12-cm-Töpfen ist mit 12 bis 14 Wochen zu planen, bei 10,5-cm-Töpfen mit 10 bis 12 Wochen und bei 9-cm-Töpfen mit acht bis zehn Wochen. Die Temperaturführung ist abhängig vom Topftermin und dem angestrebten Verkaufstermin. Die Sonneneinstrahlung hat ebenfalls einen erheblichen Einfluss auf die Kulturzeit.

In Tabelle 29 auf Seite 119 sind einige Einflüsse aufgeführt, die die Qualität von Pelargonien bestimmen.

Pflanzenschutz

Korkwucherungen an den Unterseiten von *P. peltatum* führen immer wieder zu Irritationen. Leicht werden sie als Thripsbefall diagnostiziert. Da wegen des hohen Risikos der Virenübertragung ein Thripsbefall unbedingt umgehend bekämpft werden muss, ist eine eindeutige Diagnose erforderlich. Zahlreiche Virosen können bei Pelargonien auftreten und zu Schäden führen. Eine direkte Bekämpfung ist nicht möglich. Saugende Insekten müssen sorgfältig bekämpft werden. Zur Bestandskontrolle sind Blautafeln einzusetzen. Außerdem sind die Bestände auf *Xanthomonas* zu kontrollieren. Bei Befall sind die betreffenden Pflanzen zu entfernen und die Stellflächen zu desinfizieren. Eine Bekämpfung ist nicht möglich. Bei *P. zonale* kann Pelargonienrost auftreten. Aufhellungen an der Blattoberseite und braune Sporenlager blattunterseits sind die Symptome. Eine Bekämpfung mit geeigneten Fungiziden ist möglich (Tab. 30, S. 120).

5.14 *Petunia* × *atkinsiana*, Familie Solanaceae

5.14.1 Heimat

Unsere Gartenpetunie entstammt vermutlich einer Kreuzung aus *Petunia axillaris* × *P. integrifolia*. Die Arten stammen beide aus Südamerika und wachsen dort auf eher armen Böden oder felsigen Hängen. Zur Gattung gehören etwa 40 Arten, aufrecht oder flach wachsend.

5.14.2 Sortiment

Das Sortiment der aufrecht wachsenden, generativ vermehrten Art ist recht umfangreich. Die Pflanzen werden einjährig kultiviert, sind nicht frosthart und besonders die Blüten reagieren empfindlich auf Regen. Innerhalb des Sortimentes wird zwischen Grandiflora-Typen und Multiflora-Typen unterschieden. Erstere haben sehr große Blüten mit einem Blütendurchmesser von bis zu 10 cm. Die Blüten sind sehr regenempfindlich und sollten eher für geschützte Stellen empfohlen werden. Beispiele aus dieser Gruppe sind: „Daddy“™, die weiß gesäumte „Picotee“ oder „Parade“. Multiflora-Petunien sind deutlich widerstandsfähiger gegenüber Regen. Die Blüten sind kleiner, bis zu 5 cm groß, dafür aber zahlreicher. Der Wuchs dieser Sorten ist kompakter. Sie sind für Beetbepflanzung gut geeignet, z. B. „Mirage“, „Sonja“®, „Focus“.

In beiden Gruppen gibt es einfach blühende und gefüllt blühende („Double Cascade“, „Duo“) Sorten. Seit mehreren Jahren werden auch aufrechte Sorten mit noch kleineren Blüten angeboten, die manchmal auch als Milliflora-Typen bezeichnet werden. Für die Bepflanzung von Schalen, kleinen Kübeln oder anderen gemischten Bepflanzungen sind sie gut geeignet. In diese Gruppe gehört z. B. „Fantasy“. Alle Serien gibt es in einer Vielzahl von Farben – einfarbig, gesternt oder weiß gesäumt. Es sind alles F_1-Hybriden.

5.14.3 Kulturführung

Vermehrung

Die Vermehrung erfolgt durch Samen. Für 1000 Pflanzen wird etwa 0,25 g Saatgut benötigt. Da Petunien Lichtkeimer sind, darf das Saatgut nicht abgedeckt werden. Für eine gleichmäßige Feuchtigkeit ist Sorge zu tragen. Die Keimung dauert drei bis fünf Tage. Danach ist eine leichte Abdeckung möglich. Die Keimung erfolgt am besten bei 22 °C. Danach kann die Temperatur auf 18 bis 20 °C abgesenkt werden. Die Aussaat erfolgt von Februar bis März.

Substrat

Gesät wird in Vermehrungssubstrat oder Aussaatsubstrat und getopft in Topfsubstrat mit einem pH-Wert um 5. Für kräftige Jungpflanzen kann ED 73 mit Optifer verwendet werden. Ein leichter Tonanteil im Substrat ist vorteilhaft.

Topfgröße
Je nach Verwendungszweck, kann die Kultur in Packs, 9-cm-Töpfen oder auch in größeren Töpfen erfolgen. Im Normalfall sollte der Topf nicht größer als 11 cm sein.

Düngung
Die Ernährung erfolgt mit einem ausgeglichenen MND. Bei Bewässerungsdüngung sollte die Konzentration 0,08 % betragen, bis zum Verkaufstermin kann die Düngerkonzentration auf 0,10 % erhöht werden. Bei wöchentlicher Düngung wird mit 0,2-, später mit 0,3 %iger Lösung gegossen.

Bewässerung
Gleichmäßige Feuchte im Substrat führt zu kompakten und gesunden Pflanzen. Bei Staunässe kommt es zu Mangelerscheinungen und Vergilben der Blätter. Zu viel Wasser lässt mastige Pflanzen heranwachsen, das Gewebe wird weich und die Pflanzen anfälliger für Krankheiten.

Temperatur
Nach dem Topfen kann die Temperatur auf 16 bis 18 °C gesenkt werden. Eine weitere leichte Temperaturabsenkung ist möglich. Dauerhaft ist jedoch eine Temperatur unter 10 °C nicht ratsam. Für die Anwendung von Drop sind auch Temperaturen unter 10 °C möglich. Bei niedrigerer Temperatur bleiben die Pflanzen kompakter. Die meisten Sorten reagieren auf sehr niedrige Temperaturen mit einer Verlängerung der Kulturzeit (bis zu zwei Wochen).

Licht
Bereits während der Aussaatphase hat sich eine Zusatzbelichtung mit 500 lx bewährt. Nach dem Topfen kann bei früher Aussaat eine Assimilationsbelichtung innerhalb des 12-Stunden-Tages für den Habitus der Pflanzen von Vorteil sein. Kurze Triebe mit guter Seitentriebbildung können so entwickelt werden. Zur Beschleunigung der Blüteninduktion wird Assimilationslicht (3000 lx) als Tagverlängerung gegeben. Petunien sind fakultative Langtagpflanzen und können so in ihrer Entwicklung beschleunigt werden.

Stutzen
Sorten mit gedrungenem Wuchs müssen nicht gestutzt werden. Stark aufrecht wachsende Sorten werden etwa acht Tage nach dem Topfen gestutzt. Zu lang gewordene Ware kann problemlos zurückgeschnitten werden.

Wachstumsregulatoren
In der Normalkultur ohne Diff und Drop sind bei stark wachsenden Sorten mehrmalige Behandlungen mit Topflor 0,05 bis 0,08 % erforderlich. Schwach wachsende Sorten, wie „Finity“ oder „Limbo F_1“ sind ohne Hemmstoffe zu produzieren. Die Anwendung von Diff und Drop reduziert den Hemmstoffbedarf deutlich.

Platzbedarf
Der Platzbedarf ist sehr von Topfgröße und Sorte abhängig und reicht von 64 Pflanzen/m² im 9-cm-Topf bis 35 Pflanzen im 11-cm-Topf. Rechtzeitiges Rücken ist für die Qualitätserhaltung zwingend erforderlich.

Kulturdauer
Je nach Sorte und Kulturbeginn, beträgt die Kulturdauer von der Aussaat bis zum Verkauf neun bis elf Wochen.

Pflanzenschutz
Die häufigsten Schädlinge sind Läuse und Weiße Fliege, auch Thripsbefall ist möglich. Auf Gelb- und Blautafeln kann nicht verzichtet werden. Bei ungünstigen Kulturbedingungen kann bereits in der Anzucht Echter Mehltau auftreten. Mehrmalige Pflanzenschutzbehandlungen sind notwendig.

5.15 *Petunia* Cultivars, Familie Solanaceae

5.15.1 Heimat

Beheimatet ist die Petunie in Südbrasilien, Uruguay und Argentinien.

Nach intensiver Züchtungsarbeit der japanischen Firma Suntory wurde 1992 durch die Firma Kientzler unter dem geschützten Namen 'Surfinia™' die erste hängende, großblumige Petunie in Deutschland eingeführt. Vermutlich ist es eine Kreuzung aus verschiedenen Wildarten und der bekannten samenvermehrten Petunie. Wuchsleistung und Reichblütigkeit dieser Petunie versetzten Fachwelt und Hobbygärtner gleichermaßen in Erstaunen. Sehr schnell wurden die Sorten zu einer beliebten Balkon- und Ampelpflanze. Heute sind so viele Serien und Sorten auf dem Markt, dass es schwierig ist, den Überblick zu behalten. Wuchsform, Blütengröße, Witterungsbeständigkeit und Farbgebung sind sehr unterschiedlich.

5.15.2 Sortiment

Der Umfang des Sortimentes ist seit Einführung rasant gewachsen. Waren anfangs nur großblütige, stark wachsende Sorten mit einfachen Blüten auf dem Markt, so ist das Angebot heute wesentlich abwechslungsreicher. Eine Untergliederung in klein-, mittel- und großblütig wird seit Jahren vorgenommen. Auch im Wachstum wird zwischen stark hängenden und eher kugeligen Sorten unterschieden. Auch gefüllt blühende Sorten mit stark und schwächer hängendem Wuchs werden angeboten. Die Farbpalette wird von Jahr zu Jahr umfangreicher.

Der Begriff „Surfinia" wird sehr oft als Synonym für alle hängenden Petunien verwendet. Richtig ist jedoch die Bezeichnung „Surfinia" lediglich als Serienname für die ersten hängenden Petunien und die weiteren Neuzüchtungen der Firma Suntory. Hinsichtlich Farbe und Form bleibt fast kein Wunsch mehr offen. Witterungsbeständigkeit, Mehltauanfälligkeit oder Durchhaltevermögen in der Blühleistung sind bei einigen Sorten noch verbesserungsbedürftig. Für Produzenten und Verbraucher gleichermaßen interessant sind so kompakt wachsende Serien wie „Tiny Tunia®" oder „Potunia®". Sie sind in der Produktion recht platzsparend zu produzieren und wachsen beim Verbraucher zu ansehnlichen schönen Ampeln heran.

Die gefüllt blühenden Sorten haben nur dann eine ansprechende Wirkung, wenn sie regelmäßig ausgeputzt werden. Bei 'Dress-up lilac' (siehe Farbtafel S. 63, Abb. 37) werden die abgeblühten Blüten gut überwachsen, sodass immer ein guter Gesamteindruck entsteht.

Seit einigen Jahren werden auch generative Sorten von guter Qualität angeboten. Wegen der sehr unterschiedlichen Wuchseigenschaften ist auf die Verwendbarkeit für Ampel und Balkonkasten zu achten. So wachsen „Tidal Wave" sehr stark in Höhe und Breite und sind eher für große Kübel oder eine etwas höhere Beetpflanzung geeignet. Die „Wave"- und „Ramblin"-Sorten sind allgemein sehr gut für Beetbepflanzung und für Ampeln geeignet. Ein Unterschied zu den vegetativen Sorten ist kaum erkennbar.

5.15.3 Kulturführung

Vermehrung

Die Vermehrung erfolgt durch Kopf- und Teilstecklinge. Bei 20 °C sind die Stecklinge in etwa zwei Wochen bewurzelt. Einige Serien können auch durch Samen vermehrt werden (siehe Sortiment). Meistens werden jedoch auch von diesen Serien nur Jungpflanzen angeboten.

Substrat

Zu empfehlen ist gut aufgedüngte Topferde mit einem Tonanteil, um dem hohen Nährstoff- und Wasserbedarf gerecht zu werden. Seit einigen Jahren wird spezielle Petunienerde mit niedrigem pH-Wert (pH 5) und Zusatz von Optifer zur Optimierung der Eisenversorgung angeboten.

Topfgröße

Für diese stark wachsenden Pflanzen sollte möglichst ein 12-cm-Topf oder größer verwendet werden. Die Kulturführung in kleineren Töpfen kann sehr schnell zu Nährstoffmangel und schlechterer Verzweigung führen. Für die Ampelkultur sind mindestens 30-cm-Ampeln auszuwählen.

Düngung

Der Nährstoffbedarf ist sehr hoch. Eine frühzeitig beginnende Nachdüngung, je nach Substrat, zwei Wochen nach dem Topfen ist für ein ungestörtes Wachstum von großer Bedeutung. Gedüngt wird mit einem ausgeglichenen MND mit möglichst saurer Wirkung. Eine einseitige N-Düngung führt zu langen und weichen Trieben mit hoher Anfälligkeit für Pilzkrankheiten. Bei wöchentlicher Düngung (später auch zweimal wöchentlich) wird eine 0,25- bis 0,40 %ige Nährstofflösung verabreicht, für die Bewässerungsdüngung muss die Häufigkeit der Bewässerungsvorgänge Beachtung finden. Die Konzentration sollte nicht über 0,2 % liegen. Auf eine ausreichende Eisenversorgung ist zu achten. Ohne zusätzliche Eisengaben, entweder im Substrat oder in Form einer Nachdüngung, ist keine optimale Kulturführung möglich.

Bewässerung

Trotz hohen Wasserbedarfs kann es bei stauender Nässe oder Überdüngung zu Wurzelschäden kommen. Bei zu häufigen Wassergaben und hohem Tonanteil im Substrat sind ebenfalls Ausfälle möglich. Oft sind die irreversiblen Schäden erst zu spät an äußeren Symptomen erkennbar. Leichter ist die Diagnose bei zu wenig Wasser. Ballentrockenheit führt zu Laubaufhellungen bzw. zu -vergilbungen. Eine gleichmäßige Feuchte ist anzustreben.

Temperatur

Petunien benötigen für eine gute Entwicklung keine hohen Temperaturen. Nach dem Topfen sind 16 °C Heiztemperatur und 18 °C Lüftungstemperatur für zwei bis drei Wochen ausreichend, danach kann die Temperatur weiter abgesenkt werden. Niedrige Temperaturen um 12 °C (Heiztemperatur) führen zu kompakten Pflanzen mit sehr guter Seitentriebbildung. Die Kulturdauer wird bei so niedriger Temperatur um einige Tage verlängert. Die Verzögerung der Blütenbildung und -entwicklung hängt ganz wesentlich vom Lichtangebot ab. Je länger die Tage sind, umso geringer ist die Verzögerung, 16 bis 18 °C ermöglichen eine deutlich kürzere Kulturzeit, die

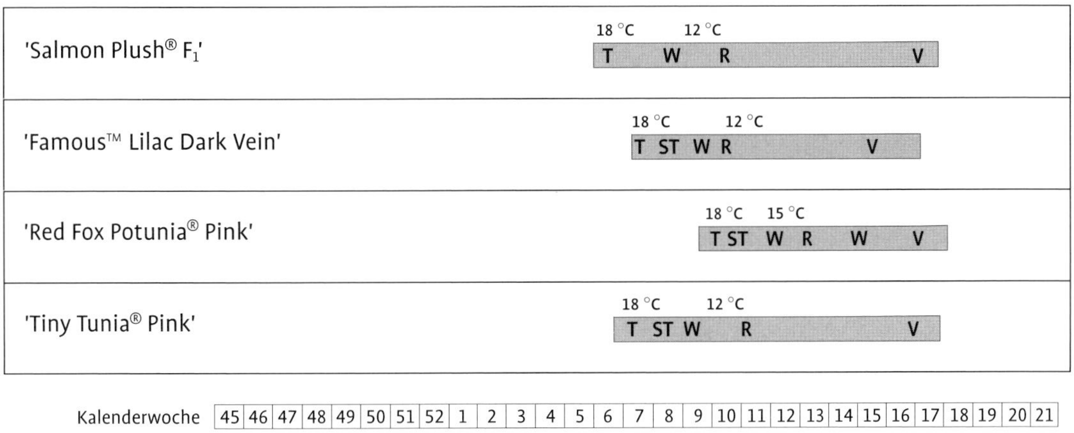

Abb. 22. Kulturschema *Petunia* Cultivars (Beispiele).

T Topfen (12-cm-Topf)
ST Stutzen
W Einsatz von Wachstumsregulatoren
R Rücken
V Verkauf

Tab. 31. Pflanzenschutz bei Petunien

Schadensursache	Schadbild	Behandlungsmöglichkeit Präparat*)	Wirkstoff	Bemerkungen
Tierische Schaderreger				
Thripse	helle Einstichstellen an den Blättern	Vertimec®	Abamectin	Fraß- und Kontaktwirkung, Tiefenwirkung
		Mesurol flüssig	Methiocarb	Fraß- und Kontaktwirkung, systemisch
				Blautafeln nutzen
Weiße Fliege	Blattunterseite mit Eiablagen und Larvenstadien, Blätter vertrocknen, Verschmutzung durch Honigtau	Nomolt	Teflubenzuron	Fraß- und Kontaktwirkung
		Plenum® 50 WG	Pymetrozin	Fraß- und Kontaktwirkung, systemisch
		Vertimec®	Abamectin	Fraß- und Kontaktwirkung, Tiefenwirkung
		MICULA®	Rapsöl	nicht bei Sonne spritzen
		Schlupfwespe (*Encarsia formosa*)		
				Gelbtafeln nutzen, 1 Tafel auf 20 m^2
Minierfliege	kleine weißliche Einstichstellen in den Blättern, später bräunliche Fraßgänge sichtbar	Vertimec®	Abamectin	Fraß- und Kontaktwirkung, Tiefenwirkung
		NeemAzal-T/S®	Azadirachtin Neem	Fraß- und Kontaktwirkung, systemisch
		Schlupfwespe (*Dacnusa sibirica*)		
				erste befallene Blätter sofort entfernen, Unkraut entfernen, Gelbtafeln nutzen
Blattläuse	helle Saugstellen, Läuse an Triebspitzen, eventuell Honigtau	Calypso®	Thiacloprid	systemische Wirkung
		Pirimor®-Granulat	Pirimicarb	Kontaktwirkung
		Plenum® 50 WG	Pymetrozin	Fraß- und Kontaktwirkung, systemisch
		Florfliege (*Chrysoperla carnea*)		Temperatur > 15 °C
Pilzliche Erreger				
Wurzelfäule (*Pythium*)	an Wurzel- und Stängelgrund Weichfäule, vorrangig im Jungpflanzenstadium	Proplant	Propamocarb	alle systemische Wirkung, Aufnahme über die Wurzel
		Previcur® N	Propamocarb	
		Fonganil Gold	Metalaxyl-M	

Tab. 31. Pflanzenschutz bei Petunien (Fortsetzung)

Schadensursache	Schadbild	Behandlungsmöglichkeit Präparat*)	Wirkstoff	Bemerkungen
Grauschimmel (*Botrytis cinerea*)	Faulstellen an Blättern und Blüten	Teldor®	Fenhexamid	Tiefenwirkung, hinterlässt leichte Spritzflecken
		Rovral®	Iprodion	Tiefenwirkung, hinterlässt starke Spritzflecken
		Euparen® M WG	Tolylfluanid	Kontaktwirkung
Echter Mehltau	weißer mehliger Belag auf Blättern, Stängeln und Blüten	Ortiva®	Azoxystrobin	systemische und protektive Wirkung
		Score®	Difenoconazol	systemische Wirkung
		BioBlatt-Mehltaumittel®	Lecithin	Kontaktwirkung, vorbeugend anwenden
				auf ausreichende Luftzirkulation achten, Luftfeuchtigkeit senken
Virosen				
Gurkenmosaikvirus und Tabamoviren	Mosaikartige Blattmuster, chlorotische Blattflecken, Deformationen an Triebspitzen, Blüten und Blättern	keine		Bekämpfung aller saugenden Insekten

*) vor Anwendung von Pflanzenschutzmitteln immer Zulassungssituation prüfen und die Mittel auf Pflanzenverträglichkeit testen

hohe Temperatur führt aber auch zu sehr langen Seitentrieben und einer geringeren Verzweigung. Petunien reagieren sehr gut auf Drop. Die Seitentriebe können deutlich verkürzt werden. Die Anzahl der Seitentriebe wird dadurch jedoch nicht erhöht. Für eine gute Verkaufsqualität sollte bei niedrigerer Temperatur kultiviert werden.

Licht

Petunien zählen zu den fakultativen Langtagpflanzen und haben einen hohen Lichtbedarf. Auf Schattierung sollte verzichtet werden. Für sehr früh blühende Ware ist, je nach Sorte, photoperiodisches Licht oder Assimilationslicht erforderlich. Eine Tagverlängerung auf 14 bis 16 Stunden bzw. eine Nachtunterbrechung kann zu einer Verfrühung um zwei bis drei Wochen führen. Für einen Verkaufstermin ab der zweiten Maidekade wird kein Zusatzlicht benötigt. Mit zunehmender Sonneinstrahlung und längeren Tagen ist mit einem explosionsartigen Streckungswachstum zu rechnen. Durch das Einschieben von einigen Kurztagen kann die Bildung von langen Seitentrieben verhindert werden. Eine Kulturzeitverlängerung ist jedoch bei einigen Sorten zu erwarten.

Stutzen

Für die meisten Sorten wird empfohlen, eine Woche nach dem Topfen zu stutzen. Einige neue Sorten bestocken sich auch ohne Stutzen sehr gut. Die Empfehlungen der Jungpflanzenlieferanten sind zu berücksichtigen. Acht bis zehn Wochen vor dem Verkaufstermin sollte letztmalig gestutzt werden. Aus arbeitswirtschaftlichen Gründen sollte jedoch auf ein zweites Stutzen verzichtet werden.

Wachstumsregulatoren
Der Einsatz von Hemmstoffen ist bei vegetativ vermehrten Petunien zwingend erforderlich. Bei stark wachsenden Sorten werden auch mehrfache Behandlungen empfohlen. Wichtig ist ein rechtzeitiger Beginn. Der Austrieb nach dem Stutzen sollte nicht größer als 2 bis 3 cm sein. Caramba zeigt nur eine geringe Wirkung bei Petunien. Topflor mit einer Anwendungskonzentration von 0,05 bis 0,10 % hat sich dagegen bewährt.

Platzbedarf
Rechtzeitiges Rücken sichert eine gute Verkaufsqualität. Petunien schieben sich bei zu engem Stand sehr schnell hoch, die Triebe werden lang und vergeilen. Je nach gewünschter Verkaufsware, sollten nicht mehr als 20 bis 40 Stück/m^2 im Endstand stehen.

Produktform
Hängende Sorten vegetativ vermehrter Petunien können bei entsprechenden Möglichkeiten auch sofort in Ampelgefäße gepflanzt werden. Eine Hemmstoffbehandlung ist dann nicht notwendig, auf das Stutzen sollte bei den meisten Sorten nicht verzichtet werden. In eine 30-cm-Ampel werden drei Pflanzen gesetzt.

Kulturdauer
Die Kulturdauer beträgt, je nach Beginn, Temperaturführung und gewünschter Produktgröße, 10 bis 15 Wochen. Für viele Sorten ist ein Topftermin in Woche 7 ausreichend (siehe Abb. 22, Seite 125).

Pflanzenschutz
Große Aufmerksamkeit ist auf virusfreies Ausgangsmaterial zu legen. Um die Übertragung von Virosen zu vermeiden, ist der Pflanzenbestand frei von Insekten jeder Art zu halten. Blau- und Gelbtafeln sind in geeigneter Anzahl aufzuhängen und regelmäßig zu kontrollieren. Neben Läusen treten in Petunienbeständen oft auch Minierfliegen, Thripse und Weiße Fliegen auf. Eine Bekämpfung ist umgehend durchzuführen (siehe Tab. 31, Seite 126).

5.16 *Sanvitalia speciosa*, Familie Asteraceae

5.16.1 Heimat

Sanvitalien sind in Mexiko und im Südwesten der USA beheimatet und kommen dort im trockenen Flussbett und an felsigen Hängen vor. Sie lieben helle sonnige Standorte. Es gibt sieben Arten, die einjährig oder ausdauernd sind. Die oben genannte Art wird überwiegend vegetativ vermehrt und ist ausdauernd. In unseren Klimalagen ist sie nicht frosthart. Sie hat dünne Triebe, ist kleinblütig, sehr wetterfest und auch für den Endverbraucher sehr pflegeleicht. Es sind auch Sorten von *S. procumbens* im Handel, die generativ vermehrt werden.

5.16.2 Sortiment

Seit Anfang der 90er-Jahre werden vegetativ vermehrte Sorten angeboten. Die vielseitige Verwendung für Ampeln, Kästen oder Beete hat sie zu einer beliebten Pflanzenart werden lassen. Die Absatzzahlen steigen seit Jahren. Durch züchterische Arbeiten hat sich der Wuchscharakter zunehmend verändert. Waren anfangs stark wachsende Sorten mit langen Trieben dominierend, sind neue Sorten heute klein und kompakt. 'Selina', 'Starbini', 'Sunbini', 'Superbini', 'Yellow Spot' (S), 'Cuzco® Compact Yellow' oder 'Inca' – alle zeichnen sich durch eine dauerhafte Reichblütigkeit und einen kompakten Habitus aus. Sie sind für kleine Gefäße in gemischter Bepflanzung sehr gut geeignet. Als Solitärpflanze in der Ampel wächst manche Sorte etwas zu schwach. Für eine Verwendung in der Ampel können eher 'Solaris®' (S) (siehe

Farbtafel S. 63, Abb. 38), 'Aztekengold', 'Golden Star', 'Cuzco® Trailing Yellow', 'Golden Glow' oder 'Picador™ Yellow' empfohlen werden. Diese Sorten haben längere Triebe und bilden im Laufe des Sommers schöne runde Ampeln.

'Ariba' und 'Little Penny' sind besonders kompakt und klein. Für Ampeln eignen sie sich nicht, bei Beetbepflanzung muss die Pflanzdichte auf 20 Pflanzen/m^2 erhöht werden, um im Laufe des Sommers einen Bestandesschluss zu ermöglichen. Für gemischte Bepflanzungen oder kleine Gefäße sind sie sehr gut zu verwenden. Außer im Habitus unterscheiden sich die Sorten durch Laub und Stängelfarbe sowie durch Blütenform, -größe und -mitte.

5.16.3 Kulturführung

Vermehrung

Vermehrt werden die Sorten von *S. speciosa* durch Stecklinge, meistens werden im Tuff gesteckte Jungpflanzen angeboten. Die Bewurzelung erfolgt unter normalen Vermehrungsbedingungen bei 18 bis 20 °C. Nach zwei bis drei Wochen können die Stecklinge getopft werden. Die Vermehrung ist ganzjährig möglich.

Generative Sorten werden im März/April in Paletten oder direkt im Endtopf ausgesät. Im Allgemeinen erfolgt die Aussaat als Mehrkornablage mit drei bis fünf Samen pro Topf. Die Keimtemperatur soll zwischen 15 und 18 °C liegen, die Keimdauer beträgt sieben bis zwölf Tage. Der Saatgutbedarf beläuft sich auf 2 g für 1000 Pflanzen.

Substrat

Getopft wird in durchlässiges, leicht tonhaltiges P-Substrat. Reines Torfsubstrat ist wegen des schlechteren Wasserhaltevermögens nicht zu empfehlen. Der pH-Wert soll zwischen 5 und 6 liegen, auch ein pH-Wert von 6,5 wird noch toleriert.

Topfgröße

Für eine gute Pflanzenentwicklung sollte die Topfgröße zwischen 10,5 und 12 cm liegen. Kleinere Töpfe sind möglich, erschweren jedoch die Kulturführung. Für Beetware können auch Packs oder 9-cm-Töpfe genutzt werden. Empfohlen werden kann eine Kultur in der Ampel, auf geeignete Sorten ist zu achten (vgl. Sortiment). Je nach Ampelgröße, sind drei bis fünf Pflanzen pro Ampel notwendig.

Düngung

Sanvitalien haben einen mittleren Nährstoffanspruch. Nach dem Anwachsen ist wöchentlich mit einem ausgewogenen MND in einer Konzentration von 0,2 % nachzudüngen, bei Bewässerungsdüngung ist eine Konzentration von 0,08 % ausreichend.

Bewässerung

Das Substrat sollte stets gleichmäßig feucht sein. Bei stauender Nässe treten leicht Wurzelerkrankungen auf. Trockenheit führt zu Wachstumsstockungen und Blattschäden.

Temperatur

Nach einer Anwachsphase von etwa zehn Tagen bei 18 °C sind 14 °C für die Weiterkultur völlig ausreichend. Für schnell wachsende Sorten mit langen Trieben kann mit Diff und Drop das Längenwachstum deutlich reduziert werden. Eine Absenkung der Temperatur bei Drop auf 6 °C ist möglich. Zu beachten ist, dass einige neue Sorten sehr kompakt wachsen und eine Reduzierung des Längenwachstums durch sehr niedrige Temperatur oder Drop zu sehr kleinen Pflanzen führen kann.

Licht

Für eine optimale Entwicklung ist das volle Lichtangebot zu nutzen. Schattierung kann nicht empfohlen werden. Zu dunkle Kulturführung begünstigt die Bildung von langen Trieben und führt außerdem zur Kulturzeitverlängerung. Bei einigen Sorten kann dagegen die Kulturzeit durch Tagverlängerung verkürzt werden.

Stutzen

Gestutzt wird eine Woche nach dem Topfen, bei einigen Sorten kann auf diesen

Arbeitsgang auch verzichtet werden. Die Pflanzen treiben gut aus und entwickeln sich bei ausreichendem Lichtangebot sehr gut. Generative Sorten sind in der Regel nicht zu stutzen.

Wachstumsregulatoren
Bei sehr kompakten Sorten ist der Einsatz von Hemmstoffen nicht erforderlich. Für stark wachsende Sorten haben sich Topflor 0,05 % und Regalis® 0,25 % bewährt.

Platzbedarf
Je nach Topfgröße sollten nicht mehr als 25 bis 40 Pflanzen/m² im Endstand stehen. Zu enger Stand führt wegen der schlechteren Lichtverhältnisse zu unzureichender Seitentriebbildung.

Kulturdauer
Vom letzten Stutzen bis zum Verkauf sind, je nach Sorte und Topfgröße, neun bis zwölf Wochen Kulturzeit einzuplanen. Die Produktion von Ampeln dauert etwa 15 Wochen bei Verwendung vegetativer, starkwüchsiger Sorten.

Von der Aussaat bis zum Verkauf ist für Topfware mit 12 bis 15 Wochen zu kalkulieren.

Pflanzenschutz
Bei zu nasser Kulturführung kann *Pythium* auftreten. Die Kontrolle auf Befall von Schädlingen, wie Läuse, Weiße Fliege oder Spinnmilben, ist erforderlich (siehe Tab. 26, Seiten 107/108).

5.17 *Scaevola saligna*, Familie Goodeniaceae

5.17.1 Heimat

Scaevola saligna ist in Westaustralien und Tasmanien beheimatet. Ihr Verbreitungsgebiet reicht von den Küstengebieten bis zu semiariden Klimabereichen. Weitere annähernd 100 Arten sind auf Neuseeland, in Südostasien und über ganz Australien verstreut zu finden.

Vermutlich ist *S. saligna* eine fakultative Langtagpflanze mit hohem Licht- und Nährstoffbedarf. Der pH-Wert sollte nicht höher als 6 sein, um Eisenmangelerscheinungen vorzubeugen. Die Art ist selbstreinigend, mit langer Blühdauer bis zum Frost und in ihrer Heimat eine dauerhaft blühende Staude. Leichte Fröste werden auch unter unseren klimatischen Bedingungen toleriert.

5.17.2 Sortiment

Seit 1988 in Europa eingeführt, ist inzwischen eine große züchterische Entwicklung bei *Scaevola* sichtbar. Nachdem viele Jahre kaum eine Veränderung im Sortiment und in Absatzzahlen erkennbar war, strebt diese Art nun nach größerer Anerkennung und Bedeutung. Die Sorte ‘Blue Wonder’ mit ihren langen Peitschentrieben bestimmte lange das Bild. Heute sind die Sorten im Wuchs deutlich kompakter und auch das Farbspektrum beginnt sich zu verändern. Während ‘Blue Ocean’ besonders dunkle Blüten hat, sind die Blüten von ‘Aqua’ auffallend hellblau, ‘Whirlwind White’ ist eine der ersten weißen Sorten. ‘Scarlatti Compact Blue’ weist einen extrem kompakten Pflanzenaufbau auf. Die Sorte eignet sich gut für die Topfkultur. ‘Saphira’ ist nach wie vor die früheste Sorte. In Wuchs, Blütengröße und Blütenform ähnlich der blauen Sorte ‘Saphira’ ist ‘Diamond’, eine Sorte mit großen weißen Blüten und violetter Umrandung. Beide Sorten sind dauerhaft reichblütig. Die Sorte ‘Aqua’ verzweigt sich gut, bildet kürzere, deutlich dünnere Triebe und blüht mit hellblauen Blüten und auffälligem gelbem Auge sowie etwas breiteren Petalen. Ungleichmäßige Bewässerung und Nässe verträgt ‘Aqua’ nicht. Kompakt im Wuchs, reich blühend und für Beet und Ampel sehr gut geeignet ist die Standardsorte ‘Brillant’. ‘Blue Falls’ ist mit ihrer dunklen Blütenfarbe, dem kompakten, runden Ampelwuchs und der beständigen Reichblütigkeit eine der schönsten Sorten. Mit ‘Bombay™ Pink’ kommt eine neue Farbe ins Sortiment. ‘Blue Laguna’ ist etwas später als ‘Saphira’ und wächst bis zum Juli zu einer großen runden Kugel mit äußerst starkem Blütenbesatz.

'Scarlatti Compakt Blue' und 'Little Wonder' verzweigen sich von Beginn an sehr stark und wachsen so kompakt, dass eine Stauchebehandlung nicht erforderlich ist.

5.17.3 Kulturführung

Vermehrung

Die Vermehrung erfolgt durch Kopfstecklinge, die von nicht induzierten Mutterpflanzen entnommen werden. Induzierte Stecklinge bilden kaum Wurzeln. Die Bewurzelungsdauer beträgt drei Wochen bei 20 °C. Bereits beim Stecksubstrat ist auf einen niedrigen pH-Wert zu achten.

Substrat

Scaevola gehört zu den Starkzehrern. Daher sollte das Substrat mittelstark bis stark aufgedüngt sein. Positiv sind die Verwendung von Langzeitdüngern und ein Zusatz von Eisenchelat im Substrat. Außerdem muss der pH-Wert zwischen 4,5 und 5,5 liegen, um Wuchsdepressionen und Eisenmangelerscheinungen vorzubeugen. Auf einen niedrigen P-Gehalt ist zu achten. Durch P-Überschuss kommt es zu Blattnekrosen und bräunlich violetten Blattverfärbungen. Eine gute Strukturstabilität kann durch groben Torf, die Beimischung von Styromull oder ähnlichen Materialien erreicht werden. Wegen der hohen Anfälligkeit für Wurzelerkrankungen bei stauender Nässe ist auf eine gute Durchlässigkeit zu achten.

Topfgröße

Je nach Kulturbeginn, ist ein 10,5- bis 12-cm-Topf empfehlenswert. Die Kulturführung in Ampelgefäßen ist ebenso möglich.

Düngung

Wegen des hohen Nährstoffbedarfs an N, K und Fe sollte für die flüssige Nachdüngung ein P-armer MND Verwendung finden. Der P-Gehalt soll < 300 mg/l Substrat betragen. Bei Fe-Zusatz im Substrat kann in den meisten Fällen auf eine zusätzliche Fe-Düngung verzichtet werden. Bei Eisenmangelerscheinungen kann mit Flory 72, Optifer (beides 0,1 %) oder einem anderen Eisenchelat gegossen werden. Ein nachfolgendes Abspülen mit Wasser ist dann erforderlich, um Blattverbrennungen zu vermeiden.

Bewässerung

Eine gleichmäßige Feuchte des Wurzelballens ist anzustreben. Staunässe wird nicht vertragen und führt zu Wurzelkrankheiten und/oder vermindertem Wurzelwachstum. Kurzzeitiger Wassermangel wird gut vertragen, Schäden an Blüten und Blättern treten erst bei länger anhaltender Trockenheit auf. Hartes Gießwasser ist ungünstig, da leicht durch Erhöhung des pH-Wertes induzierter Eisenmangel auftreten kann.

Temperatur

Zur Bewurzelung und zum Anwachsen werden Temperaturen um 20 °C benötigt. Während des vegetativen Wachstums und zur Induktion sind 15 °C ausreichend. Kurzzeitig kann die Temperatur auch bis auf 6 °C abgesenkt werden. Bei länger andauernder Temperatur zwischen 6 und 10 °C wird die Kulturzeit erheblich verlängert. Hohe Temperaturen fördern dagegen die Ausbildung von unerwünschten langen Peitschentrieben. Diff und Drop werden gut vertragen und führen zu kompakteren Pflanzen. Optimal ist eine TMT von 16 °C (siehe Farbtafel S. 64, Abb. 39).

Licht

Die Lichtbedürftigkeit ist hoch, eine Schattierung ist deshalb nicht erforderlich. Ein hohes Lichtangebot fördert vermutlich die Blütenbildung. In der lichtarmen Jahreszeit wachsen *Scaevola* nur sehr langsam. Mit steigender Tageslänge nimmt das Streckungswachstum zu. Bei dauerhaft trüber Witterung kommt es dann bei einigen Sorten zu langen Trieben. Assimilationslicht führt zur Blühverfrühung, kann aus wirtschaftlichen Gründen aber nicht empfohlen werden.

Stutzen

Zum Stutzen werden in der Literatur sehr unterschiedliche Angaben gemacht. Bei frühem Kulturbeginn (Januar/Februar) ist

Tab. 32. Pflanzenschutz bei *Scaevola*

Schadensursache	Schadbild	Behandlungsmöglichkeit Präparat*)	Wirkstoff	Bemerkungen
Tierische Schaderreger				
Thripse	helle Einstichstellen an den Blättern	Vertimec®	Abamectin	Fraß- und Kontaktwirkung, Tiefenwirkung
		Mesurol flüssig	Methiocarb	Fraß- und Kontaktwirkung, systemisch
				Blautafeln nutzen
Weiße Fliege	Blattunterseite mit Eiablagen und Larvenstadien, Blätter vertrocknen, Verschmutzung durch Honigtau	Nomolt	Teflubenzuron	Fraß- und Kontaktwirkung
		Plenum® 50 WG	Pymetrozin	Fraß- und Kontaktwirkung, systemisch
		Vertimec®	Abamectin	Fraß- und Kontaktwirkung, Tiefenwirkung
		MICULA®	Rapsöl	nicht bei Sonne spritzen
		Schlupfwespe (*Encarsia formosa*)		
				Gelbtafeln nutzen, 1 Tafel auf 20 m^2
Minierfliege	kleine weißliche Einstichstellen in den Blättern, später bräunliche Fraßgänge sichtbar	Vertimec®	Abamectin	Fraß- und Kontaktwirkung, Tiefenwirkung
		NeemAzal-T/S®	Azadirachtin Neem	Fraß- und Kontaktwirkung, systemisch
				erste befallene Blätter sofort entfernen, Mittel auf Pflanzenverträglichkeit prüfen, Unkraut entfernen, Gelbtafeln nutzen
Pilzliche Erreger				
Welkekrankheit (*Verticillium*)	fahlgrüne Blätter, anfangs Welken einzelner Blätter, setzt sich bis zur Triebspitze fort, Verbräunung der Leitbahnen	keine		befallene Pflanzen entfernen

Tab. 32. Pflanzenschutz bei *Scaevola* (Fortsetzung)

Schadensursache	Schadbild	Behandlungsmöglichkeit Präparat*)	Wirkstoff	Bemerkungen
Stängelgrundfäule (*Rhyzocthonia*)	Fäule am Stängelgrund	Switch®	Cyprodinil + Fludioxonil	systemische und protektive Wirkung
		Rovral®	Iprodion	Tiefenwirkung
		Fonganil Gold	Metalaxyl-M	systemische Wirkung
		Previcur® N	Propamocarb	systemische Wirkung
				Hygienemaßnahmen beachten, trockener kultivieren
Wurzelfäule (*Pythium*)	an Wurzel- und Stängelgrund Weichfäule, vorrangig im Jungpflanzenstadium	Proplant	Propamocarb	alle systemische Wirkung, Aufnahme über die Wurzel
		Previcur® N	Propamocarb	
		Fonganil Gold	Metalaxyl-M	

*) vor Anwendung von Pflanzenschutzmitteln immer Zulassungssituation prüfen und die Mittel auf Pflanzenverträglichkeit testen

es nach Empfehlung einiger Jungpflanzenfirmen sinnvoll, beim Topfen auf drei oder vier Blätter zu stutzen, andere Anbieter geben als Stutztermin eine Woche nach dem Topfen an. Nach eigenen Erfahrungen kann auf das Stutzen ganz verzichtet werden. Oft wachsen nach dem Stutzen einseitig sehr waagerechte Seitentriebe, welche die Entwicklung eines runden Pflanzenaufbaus verhindern. Bei Topfterminen ab Woche 9 kann auf jeden Fall auf Stutzen oder Pinzieren verzichtet werden. Mehrmaliges Stutzen ist aus arbeitswirtschaftlicher Sicht nicht anzustreben.

Wachstumsregulatoren

Für die Produktion von kompakten Pflanzen ohne lange Peitschentriebe ist bei einigen Sorten der Einsatz von Hemmstoffen unbedingt erforderlich. CCC 720 hat bei *Scaevola* keine Wirkung, Topflor 0,10 % oder Regalis® 0,25 % können mit guter Wirkung eingesetzt werden. Auch Caramba 0,10 % zeigt gute Hemmwirkung, kann vereinzelt jedoch zu Pflanzenschäden führen. Bei frühzeitigem Kulturbeginn sind mehrere Behandlungen notwendig. Diff und Drop sowie eine trockene Kulturführung können die Wirkung unterstützen. Einige Sorten kommen bei Anwendung der genannten Klimastrategien auch ohne chemische Wachstumsregulatoren aus. Auch das Einschieben einiger Kurztage ab März verhindert die Bildung von Peitschentrieben. Die Verlängerung der Kulturzeit ist dabei sortenabhängig und abhängig von der Anzahl der Kurztage.

Platzbedarf

Je nach Topfgröße sollten nicht mehr als 20 bis 25 Pflanzen/m² aufgestellt werden.

Kulturdauer

Für große Ampeln muss eine Kulturzeit von fünf Monaten kalkuliert werden, für Topfware sind je nach Topfgröße, Kulturbeginn und Sorte 10 bis 15 Wochen ausreichend.

Pflanzenschutz

Bei schlechter Wasserführung können sehr schnell *Pythium*, *Verticillium* oder *Rhizoctonia* auftreten. Mit Gelb- und Blautafeln ist das Auftreten von Thrips und Weißer Fliege zu kontrollieren (siehe Tab. 32).

5.18 *Sutera cordata* (Syn. *Bacopa*), Familie Scrophulariaceae

5.18.1 Heimat

Sutera sind in Südafrika beheimatet und wachsen dort als Einjährige, Stauden oder kleine, holzige, immergrüne Sträucher. Zur Gattung gehören etwa 130 Arten. Leider sind sie nur bedingt frosthart, sodass in unseren Klimalagen nur eine einjährige Verwendung möglich ist.

5.18.2 Sortiment

Sutera scheinen wegen der ungenügenden Blühleistung im Hochsommer eher weniger nachgefragt zu sein. Das könnte sich zukünftig ändern. Interessante Sortimentsentwicklungen deuten darauf hin, dass die Blühleistung auch im Sommer deutlich besser wird. So bereichern *Sutera* nicht mehr nur mit weißen Blüten den Markt und der schöne deutsche Name „Schneeflocke" dürfte bei rosa, roten und blauen Farbtönen etwas seltsam anmuten. Noch dominiert die Farbe Weiß, aber zu den besten Sorten zählen auch rosa und blau blühende. Die Wuchsform der einzelnen Sorten in Ampeln ist sehr unterschiedlich und reicht von flach hängend ('Snowflake') über tropfenförmig ('Cabana® Trailing White') bis kugelig ('Taifun Blue Dream') . 'Copia® Gulliver White', 'Copia® Gulliver Lilac' und 'Copia® Gulliver Snow' haben mit über 2 cm die größten Blüten, 'Snowflake', 'Cabana® Blue' und 'Taifun Blue Dream' mit 1 cm die kleinsten. In der Ampel und auf dem Beet überzeugen 'Copia® Dark Pink' und 'Copia® Gulliver White'. Besonders positiv ist die ausdauernde Blühleistung. Somit eignen sich diese Sorten auch gut als Bodendecker. 'Abunda™ Blue Improved', 'Abunda™ Giant White', 'Taifun Blue impr.' und 'Sky Blue Falls™ evol.' blühen bei Topftermin Woche 9 bereits Mitte April und sind die frühesten Sorten. Wenn auch noch viele Sorten bei großer Hitze Blühpausen einlegen, gibt es doch einige, die mehr oder weniger reichblütig kontinuierlich durchblühen, z. B. 'Niobe' (S), 'Sky Blue Falls™ evol.' (siehe Farbtafel S. 64, Abb. 40) oder 'Baristo Giga White'. Vor allem die großblütigen Sorten scheinen etwas besser durchzublühen.

5.18.3 Kulturführung

Vermehrung

Die Vermehrung erfolgt überwiegend durch Kopfstecklinge, die bei 20 °C bewurzelt werden. Die Bewurzelung dauert etwa zwei Wochen.

Substrat

Das Substrat sollte gut wasserdurchlässig sein, um Wurzelschäden durch Staunässe zu vermeiden. Einheitserden oder Torfkultursubstrat mit mittlerer Nährstoffversorgung haben sich bewährt. Wegen des hohen Eisenbedarfs kann auch ED 73 mit Optifer verwendet werden. Eine zu schnelle Nährstofffreigabe ist zu verhindern, da die Pflanzen etwas salzempfindlich sind. Der pH-Wert sollte zwischen 5 und 6 liegen.

Topfgröße

Sutera haben eine kurze Kulturzeit. Bei ausreichendem Lichtangebot blühen einige Sorten bereits im März. Für eine schnelle Kultur von etwa vier Wochen kann ein 9-cm-Topf Verwendung finden. Bei Kulturbeginn in Woche 9 und früher sollte die Topfgröße mindestens 10,5 cm betragen, auch 13-cm-Töpfe sind möglich. Für die Ampelproduktion ist es sinnvoll, sofort aus den Anzuchtpaletten in die Ampelgefäße zu topfen. In ein 25-cm-Ampelgefäß werden drei bis vier Jungpflanzen getopft.

Düngung

Nach dem Durchwurzeln muss wöchentlich mit einem ausgeglichenen MND (0,2 %) gedüngt werden. Bei Bewässerungsdüngung sollte die Konzentration je nach Häufigkeit der Wassergaben auf 0,10 bis 0,15 % verringert werden. Eisenchlorosen können mit Sequestren® oder Optifer behoben werden. Wird ED 73 mit Optifer verwendet, treten bei sachgerechter Bewässerung keine Eisenmangelerscheinungen auf. Zu beachten ist, dass *Sutera* zu Beginn der Kultur deutlich weniger Nährstoffe benötigen. Mit zunehmender Entwicklung sind die Düngergaben zu erhöhen. Während der Blühphase sind zur Unterstützung der Blütenentwicklung wöchentliche Düngergaben von 0,3 % notwendig.

Bewässerung

Sutera haben einen mittleren Wasserbedarf. Das Substrat soll gleichmäßig feucht sein, stauende Nässe wird nicht vertragen. Zu hohe Wassergaben führen zu Wurzelerkrankungen und Blattvergilbungen. Andererseits darf das Substrat nicht austrocknen, da sonst die Blüten und Blütenknospen abgeworfen werden, bei längerer Trockenheit kann es auch zu Blattfall kommen. Mit zunehmender Pflanzenentwicklung steigt der Wasser- und Nährstoffbedarf deutlich an.

Um *Botrytis*-Befall zu vermeiden, darf trotz empfindlicher Wurzeln bei dichtem Stand nicht von oben gegossen werden.

Temperatur

Nach dem Topfen sind für ein bis zwei Wochen Temperaturen von 18 °C zu gewährleisten, danach sind 12 bis 15 °C ausreichend (siehe Farbtafel S. 64, Abb. 41). Temperaturen unter 10 °C sind möglich, verzögern jedoch das vegetative Wachstum. *Sutera* reagieren sehr positiv auf Diff und Drop. Durch diese Temperaturstrategien wird der Pflanzenaufbau verbessert und der Einsatz von Hemmstoffen reduziert. Mit Drop kann eine Woche nach dem Stutzen begonnen werden.

Licht

Sutera benötigen für eine gute Verzweigung viel Licht. Es darf nicht schattiert werden. Schattierung hemmt das Wachstum und verzögert die Blüte. Mit steigendem natürlichem Lichtangebot und höherer Lichtsumme wird die Blütenentwicklung beschleunigt. Assimilationslicht ist aufgrund der kurzen Kulturzeit nicht empfehlenswert.

Stutzen

Ein einmaliges Entspitzen kann beim Topfen erfolgen. Die Pflanzen verzweigen in der Regel danach sehr gut. Sortenunterschiede sind zu beachten. Der letztmögliche Termin für das Stutzen liegt, je nach Sorte, vier bis sieben Wochen vor dem Verkauf.

Wachstumsregulatoren

Eine Hemmstoffbehandlung ist nicht zwingend erforderlich, kann den Habitus der Pflanzen jedoch verbessern. Empfohlen wird die Anwendung von Topflor 0,05 % oder Caramba 0,05 % drei bis vier Wochen nach dem Topfen. Regalis® zeigt bei *Sutera* keine hemmende Wirkung.

Platzbedarf

Der Platzbedarf ist abhängig von der Topfgröße und dem Streckungswachstum der einzelnen Triebe und reicht von 50 Pflanzen/m^2 beim 9-cm-Topf über 25 bis 36 Pflanzen/m^2 im 11-cm-Topf bis 20 bis 25 Pflanzen/m^2 im 13-cm-Topf. Vor allem die stärker wachsenden Sorten benötigen einen ausreichenden Standraum für eine gute Qualität. Bei enger Standweite ist auf eine termingenaue Vermarktung zu achten, da sich die Pflanzenqualität bei zu engem Stand schon nach wenigen Tagen deutlich verschlechtert. Wegen der Gefahr von *Botrytis*-Befall und wegen des hohen Lichtbedarfs sollte deshalb nicht zu eng kultiviert werden. Je dichter die Pflanzen aufgestellt werden, umso schlechter ist die Bestockung.

Kulturdauer

Sutera haben eine kurze Kulturzeit. Der Blühbeginn liegt, je nach Sorte, zwischen vier und sieben Wochen nach dem Stutzen. *Sutera* können für eine Kurzkultur mit Beginn in Woche 9 oder 10 empfohlen werden. Niedrige Anzuchttemperaturen von 12 °C verzögern die Blüte um drei bis fünf Tage. Bei sehr frühem Topftermin (Januar/Februar) ist eine Kühlphase einzuschieben, um das Wachstum zu bremsen. Die Kühlphase kann, je nach Sorte, zu vermehrter Blüteninduktion führen, erhöht jedoch auch die Gefahr des *Botrytis*-Befalls.

Pflanzenschutz

Aufgrund der großen Wurzelempfindlichkeit ist auf gleichmäßige Feuchte ohne Trockenheit und Staunässe zu achten. Wurzelerkrankungen wie *Pythium* oder *Rhizoctonia* sind sonst nicht zu vermeiden. Besonders anfällig sind *Sutera* gegen *Botrytis*. Eine entsprechende Kulturführung ist die beste Prophylaxe. Auf einen Befall mit Blattläusen und Weißer Fliege ist regelmäßig zu kontrollieren (siehe Tab. 26, Seiten 107/108).

5.19 *Tagetes erecta, T. patula, T. tenuifolia,* Familie Asteraceae

5.19.1 Heimat

Die oben genannten Arten sind in Mittelamerika beheimatet (Mexiko, Guatemala) und wurden um 1600 nach Europa eingeführt. Weitere in Nord- und Südamerika vorkommende Arten haben für den Anbau keine Bedeutung.

Durch langjährige Züchtung ist das Sortiment stetig erweitert und verbessert worden. *Tagetes* zählen zu den robustesten Beetpflanzen. Sie sind außerordentlich wetterfest und wenig anspruchsvoll. Durch ein vielfältiges Angebot an niedrigen, halbhohen und hohen Sorten finden sie auch breite Verwendung.

5.19.2 Sortiment

Tagetes erecta

Mit sehr großen, gefüllten Blüten und kompakten Pflanzen ist *T. erecta* mit den verschiedenen Wuchstypen für Packs, Töpfe, Container und Schnitt gleichermaßen geeignet. Die tageslängenneutrale Serie „Antigua“ zeichnet sich durch besonders große Blüten bis zu 8 cm aus. Weitere niedrige Serien dieser Gruppe sind „Marvel“, „Discovery“, „Gold Coin“ oder „Inca“. Diese Sorten werden in Packs oder kleinen Töpfen angeboten. Für eher größere Gefäße sind die höher wachsenden Sorten ‘Vanilla’ oder ‘Lady’ geeignet. Die hohen Beetsorten, wie ‘Sumo’ oder ‘Doubloon’, werden auch als Schnittblumen gepflanzt.

Tagetes patula

Hierzu gehören die klassischen Sorten für die Beetbepflanzung im öffentlichen Grün (siehe Farbtafel S. 64, Abb. 42). Die Massenware ist preisgünstig, Blühleistung, Witterungsbeständigkeit und Fernwirkung sind hervorragend. Ein breites Sortiment an niedrigen und halbhohen Sorten steht zur Verfügung. Die wichtigsten Serien sind „Aurora“, „Solena“, „Bonanza“, „Aton“, „Disco“ und „Hero“, um nur einige zu nennen. Sie haben gefüllte, halb gefüllte oder einfache Blüten.

Tagetes tenuifolia

Die sehr klein-, aber reichblütigen Sorten finden neben der Beetbepflanzung auch in gemischten Gefäßbepflanzungen Verwendung. Sie werden im Beet etwa 30 cm hoch.

Oft verwendete Sorten sind ‘Gnom’, ‘Lulu’ oder ‘Ornament’.

5.19.3 Kulturführung

Vermehrung

Die Vermehrung erfolgt ausschließlich über Saatgut. Unter bestimmten Bedingungen ist auch eine Direktsaat im Freiland möglich. Bei F_1-Sorten werden etwa 5 g Saatgut für 1000 Pflanzen benötigt, bei samenechten Sorten 8 bis 10 g, für *T. tenuifolia* sind 3,5 bis 5 g ausreichend. Die Aussaat kann leicht abgedeckt werden. Die Keimdauer beträgt sieben bis zehn Tage bei 18 bis 22 °C. Danach kann die Temperatur leicht gesenkt werden.

Substrat

Es kann Einheitserde P oder T verwendet werden, Rindensubstrat oder TKS sind ebenfalls möglich. Der pH-Wert sollte zwischen 5,5 und 6,5 liegen.

Topfgröße
Tagetes werden in Packs und Töpfen von 8,0 bis 10,5 cm angeboten.

Düngung
Nach dem Einwurzeln sind regelmäßige Düngungen mit einem MND von 0,1 bis 0,2 % je nach Entwicklungsstand der Pflanzen erforderlich. Bei zu geringer Nährstoffversorgung kommt es zu Verhärtungen und schlechter Verzweigung.

Bewässerung
Gleichmäßige gute Feuchte ist erforderlich. Vorübergehende trockenere Kultur ist möglich, ballentrocken dürfen die Pflanzen aber nicht werden. Auch das führt zu Verhärtungen und schlechter Qualität.

Temperatur
Temperaturen zwischen 18 und 20 °C fördern die Blütenentwicklung. Sehr niedrige Temperaturen während der Anzucht führen zu schlechter Blütenqualität. Bei wenig Licht kann die Temperatur etwas niedriger (12 bis 16 °C) sein. Mit steigender Lichtmenge sollte auch die Temperatur steigen. Temperaturen um 20 °C werden gut vertragen. Temperaturen über 24 °C können bei einigen Sorten zur Blühverfrühung führen. Vor dem Verkauf ist für Beetware eine Abhärtung bei etwa 10 °C notwendig. *Tagetes* sind frostempfindlich.

Licht
Erfahrungen zeigen, dass zumindest bei älteren Sorten durch gezielte Anwendung von Kurztag die Blüte verfrüht werden kann. Neuere Sorten reagieren eher tagneutral. Für frühe Absatztermine kann eine Kurztagbehandlung für etwa drei Wochen sinnvoll sein. Bereits im frühen Jugendstadium kann so auf den Blühtermin Einfluss genommen werden. Neben der Blühverfrühung kommt es auch meistens zu einer Förderung der Seitentriebbildung. *Tagetes* benötigen viel Licht. Schattiert wird nur zur Keimung sowie nach dem Pikieren bzw. Topfen bei extremer Sonneneinstrahlung.

Stutzen
Stutzen ist nicht erforderlich.

Wachstumsregulatoren
Bei frühen Sätzen (Aussaat Woche 3) kann vier bis sechs Wochen nach der Aussaat eine Hemmstoffbehandlung sinnvoll sein. Für späte Sätze ist diese Kulturmaßnahme nur bei ausgewählten Sorten oder zu engem Pflanzenbestand erforderlich.

Platzbedarf
Je nach Sorte sollten nicht mehr als 60 bis 80 Pflanzen/m^2 aufgestellt werden.

Kulturdauer
Tagetes erecta benötigen im Durchschnitt 12 bis 14 Wochen von der Aussaat bis zum Verkauf. Sorten von *T. patula* haben eine etwas kürzere Kulturzeit (zehn bis zwölf Wochen).

Pflanzenschutz
Das größte Problem bei *Tagetes* sind oft die Schnecken. Eine Bekämpfung ist bei erstem Sichtbarwerden von Fraßschäden und Schleimspuren erforderlich. Auch Virusbefall ist möglich. Wuchsdepressionen können als Folge in Erscheinung treten. Die befallenen Pflanzen sind umgehend zu entfernen. Seltener sind pilzliche Erkrankungen oder Schädlinge. In blühenden Beständen ist auf den Blütenthrips *Frankliniella* und Läuse zu achten. Die Bekämpfung kann mit Mitteln, die in Tabelle 31 aufgeführt sind, erfolgen.

5.20 *Verbena* Cultivars, Familie Verbenaceae

5.20.1 Heimat

Verbenen stammen aus den tropischen und gemäßigten Breiten von Brasilien und Argentinien. Die Gattung umfasst etwa 250 Arten, die sowohl aufrechten als auch hängenden Wuchscharakter haben. Durch langjährige züchterische Arbeiten ist eine Vielzahl von Sorten auf dem Markt. Die größte Bedeutung für unsere heutigen Sorten haben vermutlich *Verbena elegans* (Texas) und *Verbena tenera* (Südbrasilien). Einer einzelnen Art sind unsere heutigen Sorten nicht mehr zuzuordnen.

5.20.2 Sortiment

Vegetativ vermehrte hängende Verbenen
Diese Sortengruppe hat, beginnend Ende der 80er-Jahre, mit Züchtungen aus Japan (Suntory) einen enormen Aufschwung genommen. Mit „Temari®“ und „Tapien®“ kamen die ersten Serien auf den deutschen Markt. Schon nach wenigen Jahren wurde das Angebot durch „Tukana®“ und „Babylon®“ ergänzt. Heute befindet sich eine Vielzahl von Serien auf dem Markt. „Temari®“-Sorten sind im Allgemeinen stark hängend und haben eher breitere Blätter, wogegen das Laub von „Tapien®“ stark gefiedert ist. „Tapien®“-Sorten wachsen flach hängend und eignen sich auch als Bodendecker sehr gut. „Tukana®“-Sorten zeichnen sich durch große Blütendolden und Reichblütigkeit aus. Ebenfalls große Blütendolden haben die „Superbena™“, die in ein Sortiment breitlaubiger und feinlaubiger Sorten aufgegliedert sind. Mit leuchtenden Farben, guter Mehltautoleranz und kompaktem Wuchs sind sie für Produzenten und Verbraucher gut zu verwenden. Mit gleichen Eigenschaften kommen die Serien „Aztec“ und „Aztec Magic“ auf den Markt. „Lascar™“ eignet sich wegen ihres buschigen Wuchses für Kästen und gemischte Bepflanzungen gut, „Fuego™“ mit stark hängendem Wuchs ist eine gute Ampelserie. Bei „Lanai®“ handelt es sich um eine Serie mit flachen Blütendolden und breitblättrigem Laub von unterschiedlicher Größe. Der Wuchstyp der einzelnen Sorten ist ebenfalls nicht einheitlich und reicht von flach bis eher aufrecht überhängend. Alle Sorten sind sehr reichblühend bis in den Herbst, teilweise mit sehr leuchtenden Farben. Die Frühzeitigkeit variiert von sehr früh bis spät. „Rapunzel®“ gehört zu den Serien mit feingliedrigem Laub, ähnlich „Babylon®“. Sie ist in Wuchstyp und Laubgröße nicht besonders einheitlich. Viele Sorten sind früh blühend. Leider lässt die Reichblütigkeit ab August deutlich nach. Dunkle und kräftige Farben prägen diese Serie. Die meisten Sorten sind auch in der Pflanzenmitte gut mit Blüten besetzt. Wegen des stark ausgeprägten aufrechten bis leicht überhängenden Wuchses in der Ampel (Gefäß wurde selten überdeckt) sollten diese Sorten mehr für gemischte Bepflanzungen oder für Beete Verwendung finden. Die Serie „Escapade™“ ist etwas später blühend, aber ausdauernd bis in den Herbst. Besonders beeindruckend ist ‘Escapade™ Bright Eye’. Diese Sorte blüht hellrosa mit weinrotem Auge und hat eine hervorragende Fernwirkung. „Vegas“ ist eine Serie mit großen Blüten und guter Verzweigung. Sie wurde durch einige Sonderfarben ergänzt. Eine weitere Serie ist „Star Dreams“ (S) mit meist flach wachsenden und breitblättrigen Sorten, deren Laubgröße recht unterschiedlich ist, ebenso die Trieblänge und Triebstärke. Auch die Blütengröße ist durch große Variabilität gekennzeichnet. Leuchtende kräftige Blütenfarben, zum Teil mit auffälligem Auge, bieten kontrastreiche Gestaltungsmöglichkeiten auf dem Beet und im Gefäß. Die Sorten blühen bis in den Herbst hinein gut, sie sind jedoch bis auf wenige Ausnahmen nicht in die Gruppe der früh blühenden Verbenen einzuordnen. Ergänzend soll auf die neuen Serien „Vectura®“, „Empress®“, „Samira®“ und „Magelana™“ hingewiesen werden sowie auf die gefüllt blühende Serie „Corsage®“ (siehe Farbtafel S. 64, Abb. 43).

5.20.3 Kulturführung

Vermehrung
Die Vermehrung erfolgt durch Kopfstecklinge, auch Triebteilstecklinge sind möglich. Induzierte und verholzte Stecklinge bewurzeln nur schwer. Junges, vegetatives Material hat in zwei bis drei Wochen ausreichend Wurzeln entwickelt. Die optimale Temperatur liegt bei 20 °C.

Substrat
Geeignet ist eine mittelstark aufgedüngte Erde, die strukturstabil ist. Sie kann leicht tonhaltig sein, um Wasser etwas besser zu speichern. Gleichzeitig ist eine ausreichende Durchlässigkeit notwendig, um Staunässe vorzubeugen. Ein pH-Wert von 6 ist anzustreben. ED 73 mit Optifer hat sich bewährt.

Topfgröße
Verbenen werden in sehr unterschiedlichen Topfgrößen angeboten. Die hängenden Sorten müssen mindestens einen 10,5-cm-Topf erhalten, ein 12-cm-Topf wäre noch besser. Es ist auch möglich, gleich in die Ampel zu topfen. In eine Ampel mit 25 cm Durchmesser gehören, je nach Sorte und Pflanzwoche, drei bis fünf Jungpflanzen.

Düngung
Für ein zügiges Wachstum sollte nach dem Anwachsen mit dem Düngen begonnen werden. Verbenen haben einen mittleren bis hohen Nährstoffbedarf, reagieren auf Nährstoffmangel mit schlechter Seitentriebentwicklung und bei Eisenmangel mit chlorotischen Blättern. Je nach verwendetem Topfsubstrat, muss ein bis zwei Wochen nach dem Topfen mit der Düngung begonnen werden. Gedüngt wird zu Beginn der Kultur mit einem ausgeglichenen MND. Bei Bewässerungsdüngung kann, je nach Entwicklungsstand der Pflanzen, mit einer Düngerkonzentration von 0,10 bis 0,15 % gearbeitet werden, bei wöchentlicher Düngung mit 0,2 bis 0,3 %. Zum Kulturende muss für eine gute Pfanzenentwicklung, besonders in Ampelgefäßen, zweimal wöchentlich gedüngt werden.

Bewässerung
Verbenen stellen hohe Anforderungen an eine gleichmäßige Wasserversorgung. Der Wurzelballen soll stets gleichmäßig feucht sein. Staunässe wird nicht vertragen, auch Ballentrockenheit führt zu irreversiblen Schäden an Blättern, Austrieben und Blüten. Ballentrockenheit wird mit einer ausgedehnten Blühpause quittiert. Im Vergleich zu anderen Beet- und Balkonpflanzen ist der Wasserbedarf der Verbenen hoch.

Temperatur
Nach dem Durchwurzeln kann die Temperatur problemlos langsam bis auf 10 °C abgesenkt werden. Voraussetzung ist, dass die Pflanzen sich in den ersten Wochen nach dem Topfen gut entwickelt und aus-

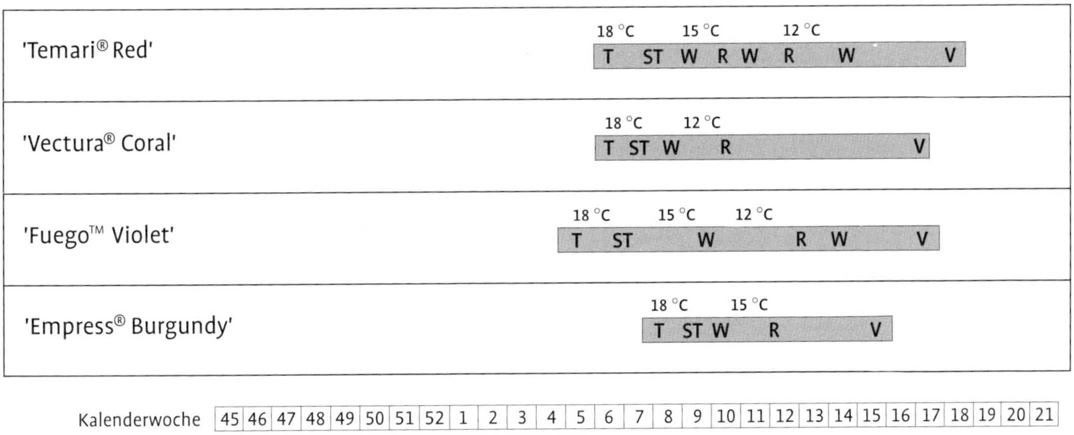

Abb. 23. Kulturschema *Verbena* Cultivars (Beispiele).

T Topfen (12-cm-Topf)
ST Stutzen
W Einsatz von Wachstumsregulatoren
R Rücken
V Verkauf

Tab. 33. Pflanzenschutz bei Verbenen

Schadensursache	Schadbild	Behandlungsmöglichkeit Präparat*)	Wirkstoff	Bemerkungen
Tierische Schaderreger				
Blattläuse	helle Saugstellen, Läuse an Triebspitzen, eventuell Honigtau	Calypso®	Thiacloprid	systemische Wirkung
		Pirimor®-Granulat	Pirimicarb	Kontaktwirkung
		Plenum® 50 WG	Pymetrozin	Fraß- und Kontaktwirkung, systemisch
		Florfliege (*Chrysoperla carnea*)		Temperatur > 15 °C
Thripse	helle Einstichstellen an den Blättern	Vertimec®	Abamectin	Fraß-, Kontakt- und Tiefenwirkung
		Mesurol flüssig	Methiocarb	Fraß- und Kontaktwirkung, systemisch
				Blautafeln nutzen
Weiße Fliege	Blattunterseite mit Eiablagen und Larvenstadien, Blätter vertrocknen, Verschmutzung durch Honigtau	Nomolt	Teflubenzuron	Fraß- und Kontaktwirkung
		Plenum® 50 WG	Pymetrozin	Fraß- und Kontaktwirkung, systemisch
		Vertimec®	Abamectin	Fraß-, Kontakt- und Tiefenwirkung
		MICULA®	Rapsöl	nicht bei Sonne spritzen
		Schlupfwespe (*Encarsia formosa*)		
				Gelbtafeln nutzen, 1 Tafel auf 20 m²
Minierfliege	kleine weißliche Einstichstellen in den Blättern, später bräunliche Fraßgänge sichtbar	Vertimec®	Abamectin	Fraß-, Kontakt- und Tiefenwirkung
		NeemAzal-T/S®	Azadirachtin Neem	Fraß- und Kontaktwirkung, systemisch
				erste befallene Blätter sofort entfernen, Unkraut entfernen, Mittel auf Pflanzenverträglichkeit prüfen, Gelbtafeln nutzen

Tab. 33. Pflanzenschutz bei Verbenen (Fortsetzung)

Schadensursache	Schadbild	Behandlungsmöglichkeit Präparat*)	Wirkstoff	Bemerkungen
Pilzliche Erreger				
Wurzelfäule (*Phytophthora*)	Fäule am Wurzelhals	Switch®	Cyprodinil + Fludioxonil	systemische und protektive Wirkung
		Rovral®	Iprodion	Tiefenwirkung
		Fonganil Gold	Metalaxyl-M	systemische Wirkung
		Previcur® N	Propamocarb	systemische Wirkung
				Hygienemaßnahmen beachten, trockener kultivieren, befallene Pflanzen entfernen
Echter Mehltau	weißer mehliger Belag auf Blättern, Stängeln und Blüten	Ortiva®	Azoxystrobin	systemische Wirkung
		Score®	Difenoconazol	systemische Wirkung
		BioBlatt-Mehltaumittel®	Lecithin	Kontaktwirkung
				starke Temperaturschwankungen vermeiden
Virosen				
Tospoviren	Deformationen an Blättern und Trieben, Nekrosen auf Blättern	keine		befallene Pflanzen entfernen

*) vor Anwendung von Pflanzenschutzmitteln immer Zulassungssituation prüfen und die Mittel auf Pflanzenverträglichkeit testen

reichend Seitentriebe gebildet haben. Auch negativ Diff und Drop werden gut vertragen und reduzieren den Hemmstoffeinsatz. Durch eine gezielte Kühlbehandlung bzw. eine kühle Kulturführung wird die Blüteninduktion gefördert. Viele Verbenen-Sorten können schon sehr zeitig ins Freie gepflanzt werden. Einige Grade unter Null werden gut vertragen.

Licht

Das Lichtbedürfnis ist außerordentlich hoch. Eine Schattierung ist nur unmittelbar nach dem Topfen sinnvoll. Zu allen anderen Zeiten ist auf sehr gute Lichtverhältnisse zu achten. Verbenen sind Lichtsummenblüher, die durch zunehmende Lichtmenge in ihrer Blühwilligkeit gefördert werden. Zur Verfrühung der Blüte kann auch photoperiodisches Zusatzlicht eingesetzt werden. Um neben einer Blühverfrühung auch den Habitus und vor allem die Seitentriebbildung ausreichend zu fördern, ist eine Tagverlängerung mit Assimilationslicht günstiger. So werden gleichzeitig Qualitätsverbesserung und Blühverfrühung erreicht.

Stutzen

Stutzen ist unbedingt notwendig. Manche Sorten bilden nur sehr zögerlich Seitentriebe. Bei ihnen ist ein zweites Stutzen

Tab. 34. Verträglichkeit von Akariziden und Insektiziden an Beet- und Balkonpflanzen (nach WOHANKA 2006)

Beet- und Balkonpflanzen	Applaud®	Bladafum® II	Bulldock®*)	Carbosip®	Confidor® WG 70*)	Conserve	Contur Plus	Dimethoat-Mittel	Kiron	Magister 200 SC	Masai	Mesurol flüssig	Metasystox® R	Mitac	NeemAzal-T/S®	Neudosan® Neu	Nomolt	Pirimor® Granulat	Plenum®	Tamaron® bzw. Arvestor®	Vertimec®
Akarizide + Insektizide																					
Acalypha		+		+				+	+				+		+			+		+	+
Ageratum	–	+/–	+	+	+		+	–	+		+	+	–		B –		+	+/–	+	+	+
Argyranthemum		+		+	+				+	+	+	+	B –		+			+	+	–	+
Begonia Semperflorens-Cultorum-Gruppe	+	+		B –				–		+	+		+/–		B –			+	+	+	
Begonia Tuberhybrida-Gruppe	+	+	+	+						+	+	+/–	+		+			+	+	+	+
Bellis		+		+	+								+					+	+	+	+
Bidens	+	–		+	+	+				+		+			+		+	+	+	+	
Brachycome	+	+		+	+	+			+		+	+	+		+		+	+	+	+	+
Calceolaria	+	+	+	+	+		+	–			+	+	+		B –	+/–	+	+		+	
Cineraria maritima		+	+	+							+	+	+							–	+
Erica gracilis		+		+	+							+	+					+			+
Fuchsia	+	+	+	+	+	+	+	–	+	+	+	+	+	+	+	+/–	+	+	+	+/–	+
Gazania		+		+	+						+	+	+		+			+		+	+
Heliotrop		+		+							+		+		B –		+	+		+	+
Impatiens		B –		+		+		–	+	+	+	+/–	–		–			+		–	B –
Lantana	+	+		+	+					+	+	+	+		+		+	+	+	–	+
Lobelia erinus		+		+	+				+		+	+	+		+			+		+	+
Myosotis		+		+	+								+					+		+	+
Osteospermum	+	+		+	+	+				+		B –			+		+	+	+	+	+
Pelargonium peltatum	+	–	+	B –	+	+	+	–	+	+	+	B –	B –		B –	+		+	+	+/–	+
Pelargonium zonale	+	+	+	+	+	+	+	–	+	+	+	+	B –		B –	+		B –	+	+/–	+
Petunia		+/–			+						+	+	+		+	+	+	+		–	+
Plectranthus					+						+	–			+		+			–	
Primula acaulis	+	+	+	+	+	+		B –		+	+	+	–		+		+	+	+	+/–	B –
Salvia		+	+	+	+			–	+		+		+		B –	+		+	+	+	
Scaevola	+	+			+	+				+	+	B –	–		+		+	+	+	+/–	B –
Sutera						+															
Tagetes		+		+		+			+		+		+		+			+	+	+	+
Verbena		+			+			+	+		+	+	+		B –		+	+	+	+/–	+
Viola		+		+	+	+							+			+/–		+	+	+	+
Zinnia		+											+		B –			+		+	

*) = nur Blattverträglichkeit geprüft; + = verträglich; – = nicht verträglich; B – = Blütenschäden

Tab. 35. Verträglichkeit von Fungiziden an Beet- und Balkonpflanzen (nach Wohanka 2006)

Beet- und Balkonpflanzen / **Fungizide**	Aliette® WG	Antracol® WG	Baymat® flüssig	Desmel® bzw. Tilt 250 EC	Discus® bzw. Stroby® WG	Dithane® Ultra WG	Euparen® MWG	Folicur®	Fonganil Gold	Funguran	Maneb®	Netzschwefel	Ortiva®	Polyram® WG	Previcur® N bzw. Proplant	Rovral®	Score®	Sportak®	Systhane 20 EW®	Teldor®
Acalypha															+	+				
Ageratum	+					+			+		+			+	+	+				
Argyranthemum	+					+	+		+				+	+	+	+				+
Begonia Semper-florens-Cultorum-Gruppe	+	B –	B –			+	+		+				+	B –	+	B – °				+
Begonia Tuber-hybrida-Gruppe	+	B –	B –			+			+					+	+	+ °				+
Bellis			+			+							+	+	+	+				
Bidens			+						+					+	+	+	+			+
Brachycome														+	+	+				
Calceolaria	+		B –			+			+	–				+	+	+				
Cineraria maritima	+	+	+			+			+				+	+	+	+				+
Erica gracilis	+/–	B –	+			+	+		+	–			+	+	+	+				
Fuchsia	+	+	+	–		+	+		+	–	+	–	+	+	+	+				+
Gazania						+								+	+	+				
Heliotrop						+			+					+	+	+				
Impatiens						+			+				+	+	+	+				+
Lantana									+					+	+	+				+
Lobelia erinus		+	+						+					+	+	+				
Myosotis		+	+			+			+				+	+	+	+				+
Osteospermum						+		+					+	+	+	+	+			+
Pelargonium peltatum	+	+	+			+	+		+	+	+	+	+	+	+	+				+
Pelargonium zonale	+	+	B –			+	+/–	B –	+	+	+	+	+	+	+	+	+		+	+
Petunia	+	+	B –						+					+	+	+/–				
Plectranthus						–						+		–						
Primula acaulis		+°	+	+	B+/–	+		+	+	–	+	+/–	B –	+	+	+	B+/–		+	B –
Salvia						+			+					+	+	+				
Scaevola		+	+						+					+	+	+				+
Tagetes						B –			+					+	+	B –				
Verbena	+		+						+				+	+	+	+				
Viola	+	+	+	+/–	+	+		+	+	+			+	+	B –	+	B+/–	+	+	+
Zinnia							+							+	+	+				

° = nicht bei Aussaaten oder Jungpflanzen; + = verträglich; – = nicht verträglich; B – = Blütenschäden

angebracht. Gerade bei diesen Sorten hat sich ein sehr frühes weiches Entspitzen bewährt.

Wachstumsregulatoren

Ohne den Einsatz von Hemmstoffen ist auch bei negativ Diff und Drop keine Qualitätsware im Topf produzierbar. Ampelpflanzen sollen nicht mit Hemmstoffen behandelt werden. Auf CCC 720 wird sehr sortenspezifisch reagiert. Mehrmalige Behandlungen mit einer Konzentration von 0,15 % sind für eine gute Wirkung erforderlich. Caramba 0,10 % und Topflor 0,05 bis 0,10 % eignen sich gut. Auch hier sind für die meisten Sorten Mehrfachspritzungen empfehlenswert.

Platzbedarf

Für Qualitätsware im 12-cm-Topf mit kompaktem Habitus sind 20 bis 25 Pflanzen/m^2 die obere Grenze. Bei kleineren Töpfen können bis zu 35 Pflanzen/m^2 aufgestellt werden. Wichtig ist, dass rechtzeitig gerückt wird, um lange kahle Seitentriebe zu verhindern.

Produktform

Verbenen werden im Topf oder als Ampel angeboten. Mit der Bepflanzung von Ampeln muss frühzeitig begonnen werden, um einen ausreichenden Zuwachs zu gewährleisten.

Kulturdauer

Für die meisten Sorten muss eine Kulturzeit von 10 bis 12 Wochen geplant werden. Für kleinere Ware sind auch acht bis neun Wochen ausreichend. Bei einer Kurzkultur mit Topfen im März muss zügig ohne starke Temperaturabsenkung kultiviert werden (siehe Abb. 23, Seite 139).

Pflanzenschutz

Tospoviren führen zu Wuchsdepressionen, deformierten Blättern und verbräunten Mittelrippen. Blütenthripse und Minierfliegen können die Pflanzen in erheblichem Maße schädigen. Bei pilzlichen Erregern sind Echter Mehltau und Stängelgrundfäule die am häufigsten auftretenden Krankheiten. Gute Hygienemaßnahmen und wenig schwankende Temperaturen können diese Krankheiten weitestgehend verhindern. Bei Befall ist eine mehrmalige Behandlung mit Fungiziden erforderlich (siehe Tab. 33, Seite 140).

Die allgemeine Pflanzenverträglichkeit von Pflanzenschutzmitteln ist sehr unterschiedlich. Eine Hilfestellung bei der Auswahl geeigneter Mittel sollen die Tabellen 34 (Seite 142) und 35 (Seite 143) geben. Eine Probespritzung ist trotzdem immer anzuraten, da es sehr große Sortenunterschiede gibt.

Verzeichnisse

Literaturverzeichnis

aid (Hrsg.) (2006): Düngung nach guter fachlicher Praxis. aid-Heft 1167, Bonn.

ALLIN, E. und E.M. GEIGER (2006): Bei *Sutera*-Sorten im Visier: Topftermin und Standweite. Gb Das Magazin für Zierpflanzenbau 9, 42–47.

ALTMANN, A. (2006): Wie niedrig darf bei *Sutera* die Temperatur sein? Gb Das Magazin für Zierpflanzenbau 9, 48–51.

ALTMANN, A. und C. LÖSEKRUG (2001): Anzucht von Beet- und Balkonpflanzen für Verkauf ab April ist in Thüringen möglich. Versuche im deutschen Gartenbau, Rheinischer Landwirtschafts-Verlag GmbH, Bonn.

BAHNMÜLLER, H., HINTZE, C., RHEIN, P. und E. SCHÜRMER (2003): Gartenbauliche Betrieblehre. 5. Auflage, Verlag Eugen Ulmer, Stuttgart.

BARTHLOTT, W. (Hrsg.) (1999): Dumont's große Pflanzenenzyklopädie. 2. Auflage, DuMont Buchverlag, Köln.

DEGEN, M. und K. SCHRADER (2002): Grundwissen für Gärtner. Verlag Eugen Ulmer, Stuttgart.

ELSNER, W., LOESER, H. und W. BIERMANN (1995): Gärtner-Handbuch Pelargonien. Bernhard Thalacker Verlag, Braunschweig.

ENCKE, F. (1987): Kalt- und Warmhauspflanzen. Verlag Eugen Ulmer, Stuttgart.

ERHARDT, W., GÖTZ, E., BÖDEKER, N. und S. SEYBOLD (2002): Zander – Handwörterbuch der Pflanzennamen. 17. Auflage, Verlag Eugen Ulmer, Stuttgart.

GANNINGER-HAUCK, D. (1993): Pelargonien im Endverkaufsbetrieb. Kulturtips für gute Qualität. DEGA 6, 358–359.

GRANTZAU, E. (2000): Gießwasser – ein wichtiger Produktionsfaktor, Teil 1 und 2. DEGA 53 (10 und 12).

HENDRIKS, L. (1997): Temperaturreaktionen von Zierpflanzen, Temperaturregelstrategien. Thalacker Medien, Braunschweig.

JANSEN, H., BACHTHALER, E., FÖLSTER, E. und H.-C. SCHARPF (1998): Gärtnerischer Pflanzenbau. 3. Auflage, Verlag Eugen Ulmer, Stuttgart.

JÖRG, G., MERZ, F. und J. RICHTER (1993): Pflanzenschutz im Zierpflanzenbau. 3., völlig neu bearbeitete Auflage, Verlag Eugen Ulmer, Stuttgart.

KADNER, R., DRÜGE, U. und V. KLEINER (2006): Anzucht von Jungpflanzen bei niedrigen Temperaturen. Gb Das Magazin für Zierpflanzenbau 9, 29–31.

KOLLATZ, B. (2005a): Sortimentssichtung bei *Lobelia erinus*, samenvermehrt. Versuche im deutschen Gartenbau, Rheinischer Landwirtschafts-Verlag GmbH, Bonn.

KOLLATZ, B. (2005b): Sortimentssichtung bei *Lobelia erinus*, stecklingsvermehrt. Versuche im deutschen Gartenbau, Rheinischer Landwirtschafts-Verlag GmbH, Bonn.

KORTING, F. (2004): Neue Entwicklungen beim Hemmstoffeinsatz. Hortigate, www.hortigate.de.

KORTING, F. (2005): Hemmstoffe bei *Bidens*. Hortigate, www.hortigate.de.

KORTING, F. (2005): Hemmstoffe bei *Nemesia*-Hybriden. Hortigate, www.hortigate.de.

Landgard Blumen & Pflanzen GmbH, Blumenversteigerung Herongen. Wöchentliche Berichterstattung, Hortigate, www.hortigate.de.

LESEMANN, D.E. und S. WINTER (2004): Viren an *Calibrachoa*. DEGA 57 (26), 32–35.

LOLIES, F., KOLLATZ, B., WREDE, A. und M. ERNST (2006): Pelargonien-Sortenvergleich an vier Orten: Anzucht. Gb Das Magazin für Zierpflanzenbau 9, 16–20.

LUDOLPH, D. (2001): Eine Unterschreitung der Tagesmitteltemperatur von 16 °C gefährdet bei vielen Beet- und Balkonpflanzen eine sichere frühe Blüte. Versuche im deutschen Gartenbau, Rheinischer Landwirtschafts-Verlag GmbH, Bonn.

LUDOLPH, D. (2002a): Physiologische Wirkungen der Strahlung (1). DEGA 56 (10), 33–34.

LUDOLPH, D. (2002b): Physiologische Wirkungen der Strahlung (2) – Photoperiode. DEGA 56 (10), 33–34.

LUDOLPH, D. (2002c): Produktionsfaktor Licht. DEGA 56 (12), 35–36.

LUDOLPH, D. (2002d): Tageslänge als Steuerungsfaktor (1). DEGA 56 (26), 27–28.

LUDOLPH, D. (2002e): Wirkungen der Strahlung (3). DEGA 56 (14), 27–28.

LUDOLPH, D. (2005): Eine 4-stündige fotoperiodische Nachtunterbrechung bringt *Lobelia*, *Petunia* und *Verbena* sicher frühzeitig in Blüte. Versuche im deutschen Gartenbau, Rheinischer Landwirtschafts-Verlag GmbH, Bonn.

NBV/UGA (2005): Jahresstatistik, Straelen-Herongen.

OSCHEK, W. (2006): Survivor-Serie ermöglicht einen späten Kulturstart. Gb Das Magazin für Zierpflanzenbau 9, 52–53.

REIMHERR, P. (1996): Kulturkartei für den Zierpflanzenbau. Verlag Dr. Rudolf Georgi GmbH & Co. KG, Aachen.

RUTTENSPERGER, U., KOCH, R. und B. HELLER (2006): Die Kombination hemmte die Pflanzen am stärksten. Gb Das Magazin für Zierpflanzenbau 9, 52–53.

SCHÄFER, B. (2003a): Wachstumsfaktor Wasser. DEGA 56 (8), 41–42.

SCHÄFER, B. (2003b): Wasserherkunft und Qualität. DEGA 56 (4), 49–50.

SCHRÖDER, H. (1990): Marketing erfolgreich planen und praktizieren, WRS Verlag Wirtschaft, Recht und Steuern, GmbH & Co., München.

SEIPEL, H. (1995): Fachkunde für Gärtner. Verlag Handwerk und Technik GmbH, Hamburg.

Selecta Klemm GmbH & Co. KG (2006): Kulturempfehlungen.

TER HELL, B. (2003): CO_2 anwenden. DEGA 57 (20), 17–18.

TER HELL, B. (2004): Temperaturreaktionen neuer *Osteospermum*-Sorten. Gb Das Magazin für Zierpflanzenbau 23, 28–33.

TLL – Thüringer Landesanstalt für Landwirtschaft (2007): Hinweise zum Pflanzenschutz im Zierpflanzenbau 2006. Thüringer Ministerium für Landwirtschaft, Naturschutz und Umwelt.

UEBER, E. (1997): Einfluß kurzzeitiger Temperaturabsenkungen auf das Längenwachstum ausgewählter Zierpflanzen. Verlag Ulrich E. Grauer, Stuttgart.

UEBER, E. (2003): Bundesweite Erfahrungen mit Caramba. Taspo Magazin 12, 39–42.

UEBER, E. und L. HENDRIKS (1997): Temperaturprogramme zur Höhenkontrolle oder was ist Diff und Drop? – Temperaturregelstrategien. Thalacker Medien, Braunschweig 18–27.

UEBER, E. und E. HETZ (2006): Kompakte *Sutera* – welcher Hemmstoff ist geeignet? Gb Das Magazin für Zierpflanzenbau 9, 52–53.

UEBER, E., HETZ, E., LOLIES, F. und U. RUTTENSPERGER (2005): Welche Hemmstoffe eignen sich für Nemesien? Gb Das Magazin für Zierpflanzenbau 19, 22–23.

WARTENBERG, S. (2005): Mit Heizstrategien sparen. DEGA 59 (11), 38–39.

WARTENBERG, S. und F. LOLIES (2005): Neue Nemesien-Sorten nur teilweise über Topfgröße und Stutzen im Wachstum zu kontrollieren. Versuche im deutschen Gartenbau, Rheinischer Landwirtschafts-Verlag GmbH, Bonn.

WILKE, R. (2004): Pflanzenschutz jahrrund. Taspo Magazin 12 (12).

WOHANKA, W. (2006): Pflanzenschutz im Zierpflanzenbau. Verlag Eugen Ulmer, Stuttgart.

ZERCHE, S., KADNER, R. und A. ALEXANDER (2006): Pelargonien: N-Versorgung und Jungpflanzenqualität. Gb Das Magazin für Zierpflanzenbau 9, 26–28.

ZMP (2006): Materialien zur Marktberichterstattung Band 64, Absatzwege für Blumen, Zierpflanzen und Gehölze ZMP – Zentrale Markt- und Preisberichtstelle GmbH, Bonn.

Bildquellen

Fotos:
Carola Böhme, Erfurt: Titelbild
Annette Altmann, Erfurt: alle Farbtafeln

Zeichnungen:
Die Zeichnungen fertigte Herr Siegfried Lokau, Bochum-Wattenscheid, nach Vorlagen der Autorin bzw. der angegebenen Quellen.

Register

Sachregister

Register der Pflanzennamen